芬
兰

爱沙尼亚

亚
脱

白俄罗斯

乌克兰

摩尔多瓦

尼亚

加利亚

土耳其

塞浦路斯

叙利亚

黎巴嫩

以色列

巴勒斯坦

埃及

苏丹

南苏丹

埃塞俄比亚

马干达

肯尼亚

卢旺达

布隆迪

坦桑尼亚

共和国

赞比亚

津巴布韦

纳

斯威士兰

非 莱索托

俄　罗　斯

哈萨克斯坦

蒙　古

乌兹别克斯坦

吉尔吉斯斯坦

格鲁吉亚

亚美尼亚 阿塞拜疆

土库曼斯坦

阿富汗

巴基斯坦

伊拉克

伊朗

尼泊尔

不丹

孟加拉国

中华人民共和国

朝鲜

韩国 日本

科威特

卡塔尔

巴林

阿曼

阿拉伯联合酋长国

沙特阿拉伯

也门

索科特拉岛(也门)

吉布提

索马里

印　度

马尔代夫

斯里兰卡

缅甸

老挝

泰国

柬埔寨

菲律宾

文莱

马来西亚

新加坡 马来西亚

印　度　尼　西　亚

阿明迪维群岛(印度)

拉克沙群岛(印度)

安达曼群岛(印度)

尼科巴群岛(印度)

塞舌尔

科摩罗

马达加斯加

毛里求斯

留尼汪(法)

查戈斯群岛(英)

科科斯群岛(澳)

圣诞岛(澳)

阿什莫尔和卡捷群岛(澳)

帕劳

阿留申群岛(美)

中途岛(美)

夏威夷群岛(美)

威克岛(美)

北马里亚纳群岛(美)

关岛(美)

马绍尔群岛

密克罗尼西亚联邦

基里巴斯

贝克和豪兰岛(美)

圣诞岛(基)

菲尼克斯群岛(基)

托克劳(新)

瑙鲁

图瓦卢

萨摩亚

美属萨摩亚

纽埃

汤加

巴布亚新几内亚

所罗门群岛

珊瑚海群岛(澳)

瓦努阿图

新喀里多尼亚(法)

瓦利斯和富图纳(法)

斐济

东帝汶

澳　大　利　亚

诺福克岛(澳)

克马德克群岛(新)

阿姆斯特丹岛(法)

圣保罗岛(法)

新西兰

查塔姆群岛(新)

邦蒂群岛(新)

爱德华王子群岛(南非)

克罗泽群岛(法)

凯尔盖朗群岛(法)

奥克兰群岛(新)

安蒂波迪斯群岛(新)

麦夸里岛(澳)

坎贝尔岛(新)

极　　　　　洲

DK 不可思议的地球

齐东峰 译

 中国大百科全书出版社

Original Title: What's Weird on Earth: Our strange world
as you've never seen it before!
Copyright © Dorling Kindersley Limited, London, 2018
A Penguin Random House Company

北京市版权登记号：图字01-2021-7499
审图号：GS（2022）1721号

图书在版编目（CIP）数据

DK不可思议的地球 / 英国DK公司编著；齐东峰译.
--北京：中国大百科全书出版社，2023.9
书名原文：What's Weird on Earth: Our strange world
as you've never seen it before!
ISBN 978-7-5202-1294-6

Ⅰ. ①D… Ⅱ. ①英… ②齐… Ⅲ. ①地球科学-少儿
读物 Ⅳ. ①P-49

中国国家版本馆CIP数据核字（2023）第034529号

译　　者：齐东峰

地图审定：张宝军

策　划　人：杨　振
责任编辑：付立新
封面设计：邹流昊

DK不可思议的地球
中国大百科全书出版社出版发行
（北京市西城区阜成门北大街17号　邮编：100037）
http://www.ecph.com.cn
新华书店经销
北京中科印刷有限公司印制
开本：889毫米×1194毫米　1/8　印张：19.5
2023年9月第1版　2023年9月第1次印刷
ISBN 978-7-5202-1294-6
定价：168.00元

www.dk.com

*本书插图系原文插图

目录

自然界

超自然现象

蝠翼蜥

雪人

凹脉鼠尾草

地理

人文

历史

奇闻趣事

潭 "天下第一壶"

卡苏马苏乳酪

护发

在保加利亚与阿尔巴尼亚南部，左右摇头表示 "肯定"。

自然界

发光的洞穴

新西兰的怀托莫溶洞内居住着成千上万的发光虫（蕈蚊幼虫）。这些幼虫会编织黏性很强的捕食网，其尾部还能发出引诱猎物的蓝光。

飞翔间歇泉
内华达州，美国
这些表面覆有藻类的锥形间歇泉，是由于石油钻探过程中钻到了地下水层而形成的。

石化井
约克郡，英国
所有放入这口井中的物体都能在井中矿物质水的作用下变成石头。

响石公园
宾夕法尼亚州，美国
当用锤子敲打该公园内的石头时，它们会发出音乐般的铿锵之声。

奈长晶洞
奇瓦瓦州，墨西哥
这个深洞中有许多巨型晶体，有些晶体长度可达10米。

沸腾河
亚马孙河流域，秘鲁
它是亚马孙河源头河流中的一条支流的一段。河水的温度高达93℃，所有掉入河中的生物都会被河水煮熟。

乌尤尼盐沼
波托西省，玻利维亚
它是世界上最大的盐沼，面积达10582平方千米。

仙女圈
纳米布沙漠，纳米比亚
人们认为这些散布在沙漠中的红色圆圈都是沙漠白蚁的杰作。

北极光
这些绚丽多彩的光，出现于遥远的北方夜空，是由来自地球磁层或太阳的高能带电粒子与地球大气层中的分子和原子相碰撞而产生的。

在英国约克郡**石化井**中，一个**泰迪熊毛绒玩具**被**石化**的时间需要**3~5个月**。

亚马孙河口每年两次的涌潮会产生波高可达

莫维勒洞穴
康斯坦察县，罗马尼亚
这个洞穴中不仅有许多种奇特的小爬虫，还充满了有毒气体。

红海滩
盘锦，辽宁省，中国
因为稀有的碱蓬草覆盖在这片湿地上，所以一眼望去，这里就像一片广阔的鲜红色海滩。

死海
西亚裂谷中段，以色列/约旦/巴勒斯坦
死海的湖水含盐量极高，人们可以轻而易举地漂浮在水面上。

巧克力山
保和岛，菲律宾
在旱季，岛上成百上千座绿色的圆锥形山丘都会变成浓郁的巧克力色。

卡瓦伊真火山
爪哇岛，印度尼西亚
这座火山的火山口湖所含有的金属成分使其呈现出鲜艳的绿松石色。

硫黄泉湖
达纳基勒洼地，埃塞俄比亚
达纳基勒洼地是世界上最炎热的地方。这里的泉水几乎接近沸点，水中富含硫和其他矿物质，这些物质沉积后呈现出多彩的形态。

阵晨风云（滚轴云）
澳大利亚北部
这种罕见的云就像巨大的棉絮卷，可以绵延1000千米。

自然奇观

从能发出铃声般声音的岩石，到鲜红色的草地，再到热得足以煮熟青蛙的河流，地球上有许多十分奇怪的事物，甚至连科学家对其中一些也无法做出解释。

4米的巨浪，涌入内陆的潮水最远可达800千米。

"巫毒"石柱
班夫，加拿大
这些神秘石柱的名称大概源于一种传统的民间巫术。

卡奈斯岩
奥珀达尔，挪威
在海浪长年累月的冲刷下，这块岩石变成蘑菇形状。

巨人堤道
北爱尔兰，英国
这些壮观的玄武岩柱是古代火山喷发时形成的。

波浪谷
亚利桑那州/犹他州，美国
这些砂岩丘在多彩的岩石带中起伏。

托卡尔·德安特克拉
安达卢西亚自治区，西班牙
这些令人惊叹的石灰岩地貌形成于1.5亿年前。

幸存海滩
波多黎各，美国
奇特的岩层结构为这个隐秘的海滩增添了许多神秘色彩。

犹他州红岩
美国犹他州南部的红色岩石，构造出许多最令人称奇的地质景观。

精致拱门既是拱门国家公园中最高的拱门（18米高），也是其最热门的景点。

纪念碑谷中有许多陡峭但顶部平坦的山丘（又称为孤峰），许多山丘的高度高出砂质谷底300多米。

拱门国家公园中的平衡石是奇形岩的典型代表。

圣胡安河畔的**墨西哥帽子镇**就是以其附近的一块酷似墨西哥传统宽檐帽的岩石而得名的。

布莱斯峡谷国家公园内壮观的粉红色岩石峭壁是摄影师们最喜欢的拍摄地之一。

埃斯卡兰蒂市附近的**魔鬼花园**，是一个面积不大，便于人们探索的地方。这里到处是岩石奇观。

彩虹山
库斯科省，秘鲁
徒步登上安第斯山脉的这座有着彩色条纹的神圣之山的山顶，绝不是一件容易的事情。

岩石树
斯洛里沙漠，玻利维亚
历经成千上万年的风蚀，这块火山岩变成了树的形状。

月亮谷
圣胡安省，阿根廷
形如炮弹的岩石与颜色苍白的沙地，让伊斯奇瓜拉斯托自然公园看上去像另一个世界。

撒哈拉之眼
瓦丹，毛里塔尼亚
它是撒哈拉沙漠中一种靶心状岩石结构，在太空中清晰可见。

地球上最古老的岩石位于

库玛琦维
鲁奥科拉赫蒂，芬兰
这块平衡石是由末次冰期
结束时融化的冰川带到这
里来的。

曼普普纳岩石群
科米共和国，俄罗斯
曼普普纳岩石群由屹立在高
山草原上的七座巨型立石
组成，有的立石高达40
多米。

张掖丹霞国家地质公园
张掖，甘肃省，中国
这座国家公园中的砂岩地貌
层理交错、色彩艳丽。

帕夫西卡拱门
捷克
这个跨度为25.5米的拱门是欧洲
最大的天然砂岩拱门。

仙人桥
泰山，山东省，中国
三块巨石悬空累叠，在深谷之
上形成了一座天然的石桥。

克里希纳黄油球
泰米尔纳德邦，印度
这块6米高的巨大圆石看上去就要滚动
起来了。

女王头像石
台湾省，中国
据说，这块被海水侵蚀的岩石看
上去像英国都铎王朝女王伊丽莎
白一世的侧面像。

白沙漠
拉夫拉沙漠，埃及
这片沙漠中，岩石的
色像白粉笔那样白。

魔鬼大理石群
北部地区，澳大利亚
这些散布于浅谷中的圆形花
岗岩石块，被澳大利亚原住
民视为神圣之物。

阿纳斯拉巨石
沙特阿拉伯
这块立石被十分整齐地
分为两半，其原因至今
仍是一个谜。

马托博山
南乌塔贝莱兰省，津
巴布韦
这种奇特的岩层结构
遍布于津巴布韦大部
分地区。

石林风景区
昆明，云南省，中国
这里的石灰岩经过漫长的
地质演变，形成了近400平
方千米的岩石"森林"。

图腾柱
塔斯马尼亚岛，澳大利亚
这根尖塔似的岩石柱，高
出海平面65米。

天然雕塑

并不是所有伟大的艺术作品都收藏在博物馆或者画廊中，
世界上还有许多漂亮的、奇异的、令人叫绝的岩石雕塑不
是人类创作的，而是出自大自然的手笔。它们多是在风、
水等自然力量的作用下，经过漫长的岁月形成的。

摩拉基大圆石
奥塔戈区，新西兰
令人奇怪的是，这些位于
海滩上的大圆石，居然是
中空的。

加拿大境内。它诞生于43亿年前。

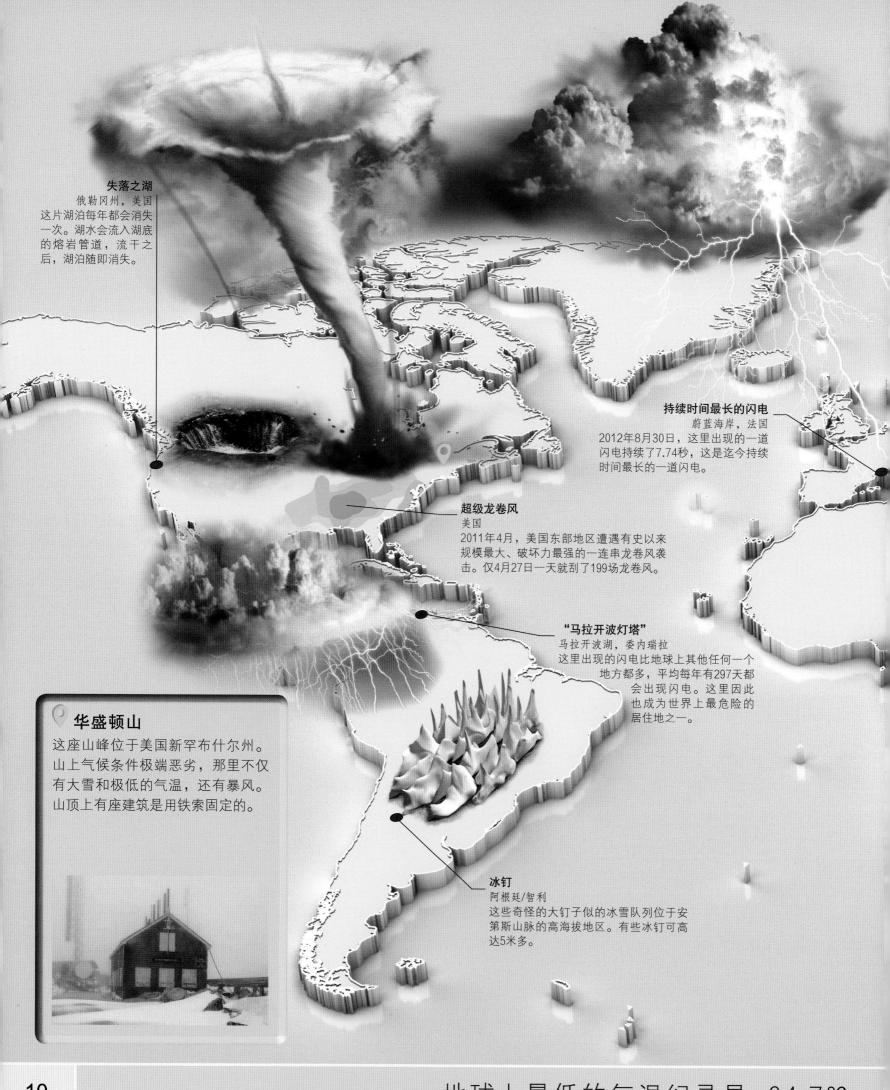

失落之湖
俄勒冈州，美国
这片湖泊每年都会消失一次。湖水会流入湖底的熔岩管道，流干之后，湖泊随即消失。

持续时间最长的闪电
蔚蓝海岸，法国
2012年8月30日，这里出现的一道闪电持续了7.74秒，这是迄今持续时间最长的一道闪电。

超级龙卷风
美国
2011年4月，美国东部地区遭遇有史以来规模最大、破坏力最强的一连串龙卷风袭击。仅4月27日一天就刮了199场龙卷风。

"马拉开波灯塔"
马拉开波湖，委内瑞拉
这里出现的闪电比地球上其他任何一个地方都多，平均每年有297天都会出现闪电。这里因此也成为世界上最危险的居住地之一。

华盛顿山
这座山峰位于美国新罕布什尔州。山上气候条件极端恶劣，那里不仅有大雪和极低的气温，还有暴风。山顶上有座建筑是用铁索固定的。

冰钉
阿根廷/智利
这些奇怪的大钉子似的冰雪队列位于安第斯山脉的高海拔地区。有些冰钉可高达5米多。

地球上最低的气温纪录是-94.7℃。

异常天气

世界各地条件相似的地方都发生了奇怪的天气现象。有的地方可能会结出各种形状的冰，有的地方则会出现形状奇特的云，还有的地方会有罕见的暴风雨。所幸极端暴风雨十分罕见。

在非常寒冷的气候条件下，缓慢移动的水渐渐形成了**冰圈**。这些冰圈看上去就像冰做的荷叶，有的直径可达15米。

双龙卷风非常罕见。当产生自同一个超级单体的两股旋涡气流同时着陆时，就会形成双龙卷风。

冷空气层被热空气层围住之后形成的**逆温云**往往会比普通的云层更低。

降雨量最大的地方
毛辛拉姆，印度
在毛辛拉姆郁郁葱葱的山上，一年中会有11872毫米的巨大降雨量。

彩色的雪
斯塔夫罗波尔边疆区，俄罗斯
2010年的一个早晨，俄罗斯斯塔夫罗波尔的人们醒来后发现地面上积了一层紫色的雪。这是来自非洲的一股携带着粉尘的气旋与俄罗斯上空的雪云混合后形成的。

最大的降雪
伊吹山，日本
1927年，一场厚达1182厘米的大雪降在了日本的伊吹山上。

最炎热的居住地
达洛尔，埃塞俄比亚
极端干燥炎热的气候让这片土地成为极难生存的地方。更糟糕的是，这里还有大量火山活动。

海洋泡沫
洛恩，澳大利亚
2012年，这里的海岸线上堆积起高达1.8米的巨大海洋泡沫。

极端天气

月虹
维多利亚瀑布，赞比亚/津巴布韦
光照射在维多利亚瀑布起的水雾上，形成了银白色的月虹。

当你了解了这些破纪录的气象事件与不寻常的气候现象后，谈论天气时再也不会单调乏味了。有些气候现象是奇特和美丽的，但有些气候现象则可能是致命的。

它是2010年8月在东南极洲测得的。

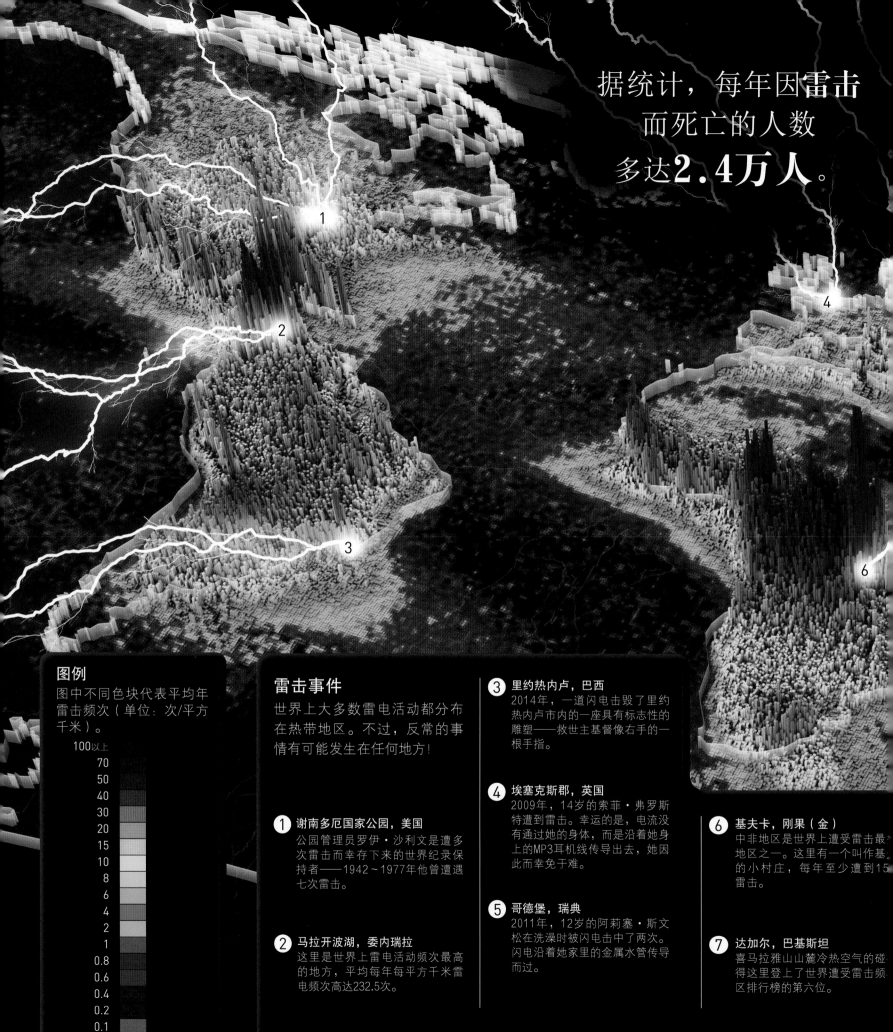

据统计，每年因雷击而死亡的人数多达**2.4万人**。

图例

图中不同色块代表平均年雷击频次（单位：次/平方千米）。

100以上
70
50
40
30
20
15
10
8
6
4
2
1
0.8
0.6
0.4
0.2
0.1

雷击事件

世界上大多数雷电活动都分布在热带地区。不过，反常的事情有可能发生在任何地方！

① 谢南多厄国家公园，美国

公园管理员罗伊·沙利文是遭多次雷击而幸存下来的世界纪录保持者——1942~1977年他曾遭遇七次雷击。

② 马拉开波湖，委内瑞拉

这里是世界上雷电活动频次最高的地方，平均每年每平方千米雷电频次高达232.5次。

③ 里约热内卢，巴西

2014年，一道闪电击毁了里约热内卢市内的一座具有标志性的雕塑——救世主基督像右手的一根手指。

④ 埃塞克斯郡，英国

2009年，14岁的索菲·弗罗斯特遭到雷击。幸运的是，电流没有通过她的身体，而是沿着她身上的MP3耳机线传导出去，她因此而幸免于难。

⑤ 哥德堡，瑞典

2011年，12岁的阿莉塞·斯文松在洗澡时被闪电击中了两次。闪电沿着她家里的金属水管传导而过。

⑥ 基夫卡，刚果（金）

中非地区是世界上遭受雷击最［多的］地区之一。这里有一个叫作基［夫卡］的小村庄，每年至少遭到15［次］雷击。

⑦ 达加尔，巴基斯坦

喜马拉雅山山麓冷热空气的碰［撞使］得这里登上了世界遭受雷击频［次地］区排行榜的第六位。

南美洲委内瑞拉的马拉开波湖，

雷击

这是一幅显示世界各地雷击频率的地图。其中，气温较高的热带地区（近赤道）以及大型山脉地区（例如安第斯山脉和喜马拉雅山脉）是最易发生雷击的地方。

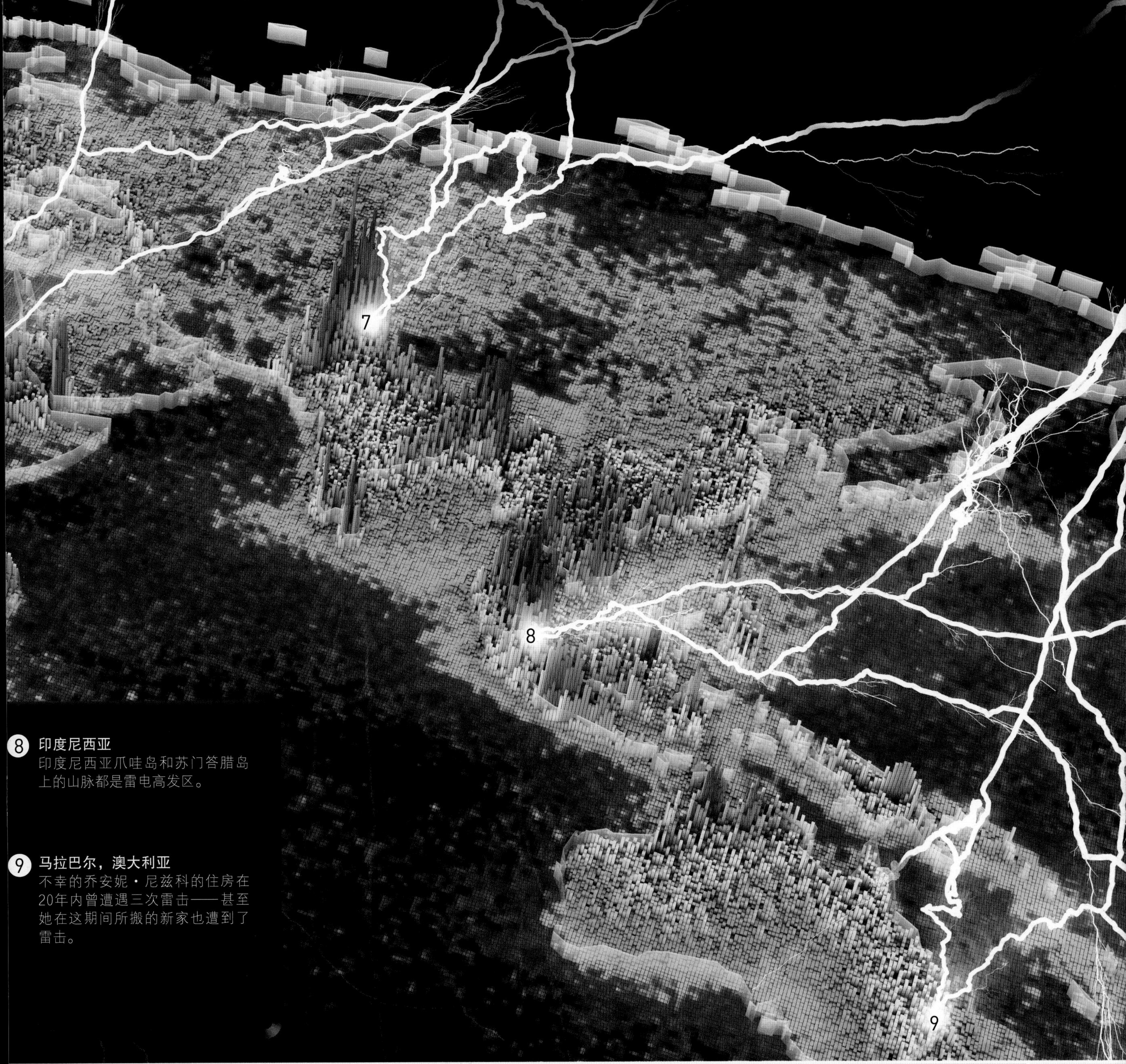

7

8

8 印度尼西亚
印度尼西亚爪哇岛和苏门答腊岛上的山脉都是雷电高发区。

9 马拉巴尔，澳大利亚
不幸的乔安妮·尼兹科的住房在20年内曾遭遇三次雷击——甚至她在这期间所搬的新家也遭到了雷击。

9

平均每年有297天会发生雷电活动。

埃亚菲亚德拉冰盖火山喷发

埃亚菲亚德拉冰盖火山在2010年喷发之前，已经休眠了180余年。该火山的喷发始于2010年3月，随后于4月14日再次喷发，喷向空中的火山灰达1万多米。在接下来的几个月中，巨大的火山灰云慢慢地向全球扩散。

4月14日，中午12时
火山喷发的当天中午，火山灰云已经开始向东飘移。

4月14日，下午6时
傍晚，火山灰云开始进一步向欧洲上空飘移。

4月18日，上午6时
此时，尘云已遍及欧洲大部分地区并进入俄罗斯东部。

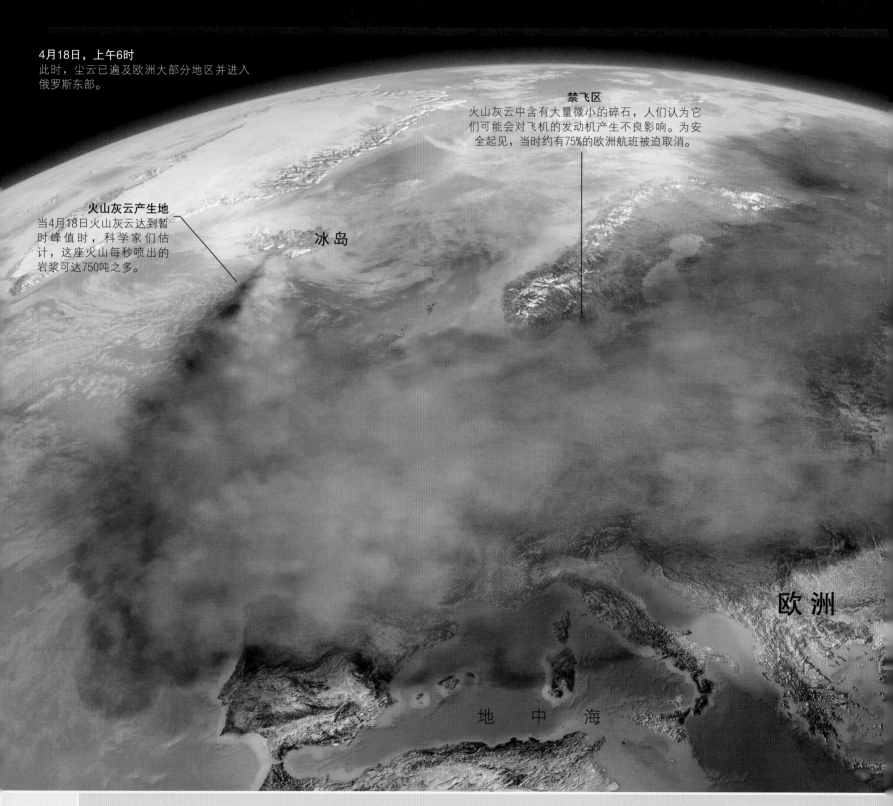

禁飞区
火山灰云中含有大量微小的碎石，人们认为它们可能会对飞机的发动机产生不良影响。为安全起见，当时约有75%的欧洲航班被迫取消。

火山灰云产生地
当4月18日火山灰云达到暂时峰值时，科学家们估计，这座火山每秒喷出的岩浆可达750吨之多。

冰岛

欧洲

地中海

此次火山喷发导致逾1000万人滞留，

4月15日，上午6时
第二天，火山灰云已经覆盖了英国和斯堪的纳维亚半岛的部分地区。

4月16日，上午6时
火山喷发两天后，航班已受到严重的影响。

4月17日，上午6时
火山喷发后第三天，火山灰云已覆盖了北欧大部分地区。

火山喷发的破坏力

2010年4月，超大规模的火山灰云席卷欧洲，许多航班因此停飞。图中所示的是4月18日火山灰云最严重的时刻。在接下来的几个月中，火山灰云一直在不断地向全球蔓延，甚至抵达了美洲东海岸、非洲北部和亚洲的东北部。

连锁反应
受欧洲大多数机场关闭的影响，非洲约30%的航班被取消，中东约20%的航班也被迫取消。

亚 洲

冰岛的火山
冰岛有100多座火山，其中30多座为活火山。虽然埃亚菲亚德拉冰盖火山的喷发极具破坏性，但它实际上只是冰岛上较小的火山之一。

给航空公司造成的损失共计约17亿美元。

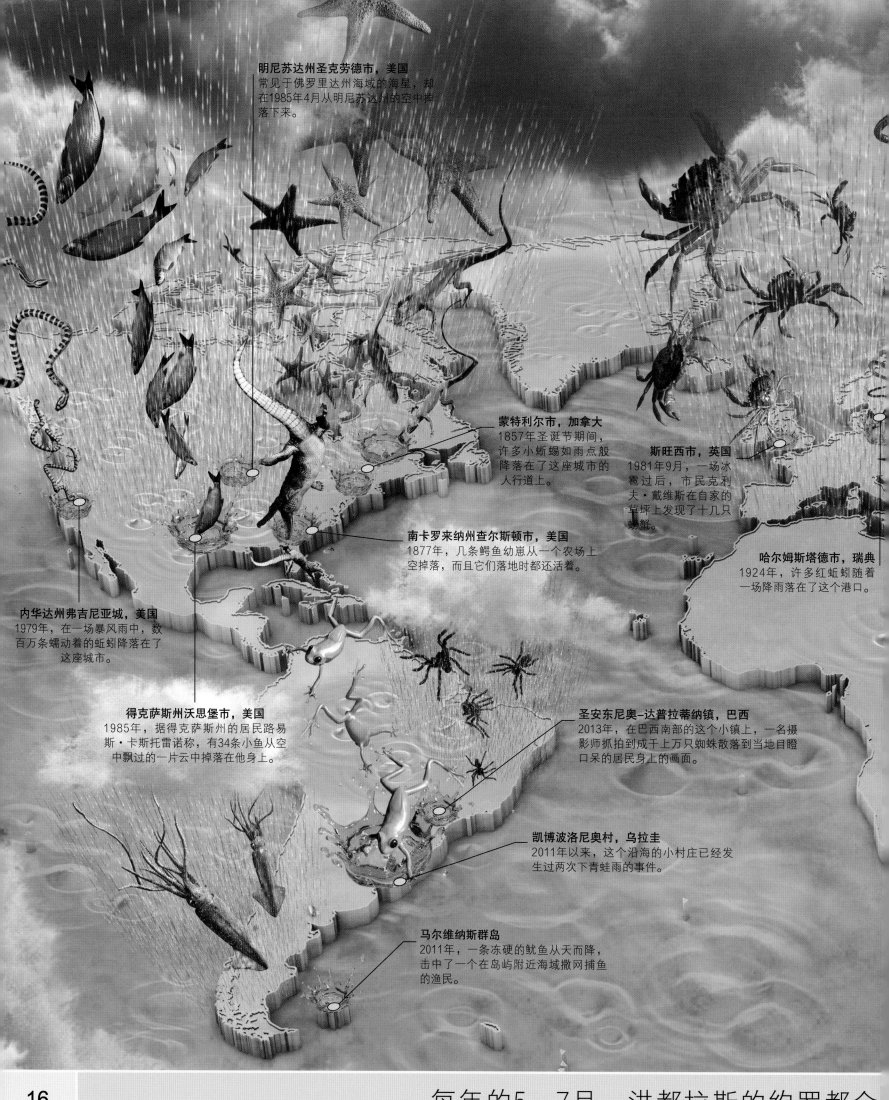

明尼苏达州圣克劳德市，美国
常见于佛罗里达州海域的海星，却在1985年4月从明尼苏达州的空中萧落下来。

蒙特利尔市，加拿大
1857年圣诞节期间，许多小蜥蜴如雨点般降落在了这座城市的人行道上。

斯旺西市，英国
1981年9月，一场冰雹过后，市民克利夫·戴维斯在自家的草坪上发现了十几只螃蟹。

南卡罗来纳州查尔斯顿市，美国
1877年，几条鳄鱼幼崽从一个农场上空掉落，而且它们落地时都还活着。

哈尔姆斯塔德市，瑞典
1924年，许多红蚯蚓随着一场降雨落在了这个港口。

内华达州弗吉尼亚城，美国
1979年，在一场暴风雨中，数百万条蠕动着的蚯蚓降落在了这座城市。

得克萨斯州沃思堡市，美国
1985年，据得克萨斯州的居民路易斯·卡斯托雷诺称，有34条小鱼从空中飘过的一片云中掉落在他身上。

圣安东尼奥–达普拉蒂纳镇，巴西
2013年，在巴西南部的这个小镇上，一名摄影师抓拍到成千上万只蜘蛛散落到当地目瞪口呆的居民身上的画面。

凯博波洛尼奥村，乌拉圭
2011年以来，这个沿海的小村庄已经发生过两次下青蛙雨的事件。

马尔维纳斯群岛
2011年，一条冻硬的鱿鱼从天而降，击中了一个在岛屿附近海域撒网捕鱼的渔民。

每年的5~7月，洪都拉斯的约罗都会

波克罗夫市，俄罗斯
1827年，一群头部扁平发亮的昆虫像雨一样降落在这座俄罗斯小城。

这种现象是如何发生的？
动物雨很可能是暴风雨期间形成的龙卷风造成的。例如，海龙卷把海里的动物吸入云层中并带到陆地上空，当风速减慢时，这些动物便掉落到地面上。

马德西村，尼泊尔
1900年5月，许多小鱼随着雨水降落在这个村子里。

坎达纳瑟里村，印度
2008年，成千上万条小鱼随着一场大雨降落在这个村庄。

新加坡
1861年，在连续三天的暴雨中，大量的鱼从空中落到这个城市国家。

拉科齐村，匈牙利
2010年，当暴风雨夹带着青蛙降落下来时，村上的居民都惊呆了。

德雷达瓦市，埃塞俄比亚
2000年，鱼儿随着大雨一起从这座城市上空落下。人们认为，这场持续了几分钟的鱼雨是神的赐福。

龙目岛，印度尼西亚
1969年，有农民看到老鼠从天而降，散落在田野上。

动物雨

地球上下动物雨，这听起来好像是小说里的情节，但现实生活中它真的会发生。事实上，世界各地都曾有过动物莫名其妙地从天而降的报道。

拉贾曼努镇，澳大利亚
2010年，数百条鱼从天而降，"袭击"了这座内陆小镇的居民。

古尔本市，澳大利亚
2015年，在新南威尔士州的乡下，数以百万计的小蜘蛛从天而降，它们织的蛛网像地毯一样覆盖了地面。

发生空中降鱼的现象，人们称之为"鱼雨"。

大棱镜温泉
怀俄明州，美国
这一多彩的奇观位于黄石国家公园内，其水深超过了一座10层楼的高度。

斑点湖
不列颠哥伦比亚省，加拿大
夏季时，随着湖水的蒸发和矿物质的结晶，湖底会留下许多状如斑点的小水坑。

力拓河
安达卢西亚自治区，西班牙
最好远离这条河。多年的矿石开采已经让河水充满了高酸性的矿物质。

马尾瀑布
加利福尼亚州，美国
每年2月底的日落时分，阳光照射瀑布的角度使瀑布看起来像一股火流。

拉布雷阿沥青湖
特立尼达和多巴哥
它是全球最大的、由沥青（柏油）形成的湖泊。沥青是一种天然的黑色到暗褐色的固态或半固态黏稠状的有机物质，有很多种用途。

彩虹河
拉马卡雷纳镇，哥伦比亚
微小的水生植物使这条河流变成玫红色。它之所以被誉为彩虹河，是因为河水还呈现黄、绿、橙、蓝等颜色。

玫瑰湖
达喀尔市，塞内加尔
高盐的湖水吸引了大量的喜盐微生物。正是这些微生物让湖水变成了有绸缎般光泽的粉色。

红湖
波托西省，玻利维亚
这片血红色的湖泊是珍稀动物火烈鸟的栖息地。

奇异的水

从粉色的池塘到黄绿色的湖泊，世界上水的颜色总是那么多姿多彩。这些绚丽的色彩通常是由植物、细菌或地下的天然矿物质造成的。

图例
地图上不同颜色的图框分别表示引起水体变色的原因。

- 矿物质引起的
- 藻类或细菌引起的
- 其他因素引起的

五彩缤纷的海滩
不仅水可以改变自身颜色，还有许多海岸线具有令人惊讶的颜色。世界各地的沙滩有各种意想不到的颜色——有的是暗紫色，有的是诡异的白色。许多海滩因此成了旅游胜地，大量的游客蜂拥而至，只为一睹这些不同寻常的海滩。

海水之所以呈现蓝色，是因为海水不像吸收太阳光中其他

血池地狱温泉
别府市，日本
这一池泉水的火红颜色与其水温恰好匹配——泉水的温度约为78℃。

乌鲁米耶湖
乌鲁米耶市，伊朗
平时，乌鲁米耶湖的水是绿色的。当盐度增高后，湖水就会变成红色。

希利尔湖
中岛，澳大利亚
这片湖泊的神奇之处在于，即使将湖水装入瓶中，它们仍然保持粉色。

黄龙五彩池
四川省，中国
这片颜色如绿松石般层叠的池群，位于一个风景如画的山谷中。

棉花堡温泉
乌穆克卡莱（棉花堡），土耳其
温泉水从层层叠叠、形以梯田的白色石灰岩山丘上缓缓流下。

怀欧塔普池
罗托鲁阿市，新西兰
在这些彩色的温泉池中，最引人注目的是一个呈翠绿色的"魔鬼池"。

克里穆图火山口湖
东努沙登加拉省，印度尼西亚
虽然这三个湖泊都位于同一个火山口，但在火山活动的作用下，湖水的颜色各不相同。

截至2014年，研究人员已在地球上发现了 **1.17亿个湖泊**。

"血瀑布"
麦克默多干谷，南极洲
"血瀑布"最早发现于1911年。暗红色的"瀑布"在白色冰川的映衬下显得更加醒目。

在希腊克里特岛附近的**埃拉福尼西岛海岸**有一片迷人的粉红色沙滩。这种不同寻常的颜色是由珊瑚粉末和碎贝壳混合后形成的。

冰岛的维克镇附近有几处**黑色沙滩**。这种颜色主要是火山喷出的玄武岩微尘造成的。

美国夏威夷毛伊岛的**凯哈鲁鲁海滩**是岛上众多色彩缤纷的海滩之一。海滩周围山岩的含铁量非常高，海滩上的沙子因此变成了鲜红色。

颜色的光那样吸收蓝光，蓝光更多地被海水反射了出来。

漂流的鸭子

图例

玩具漂流
路径

洋流

北 冰 洋

最早上岸的鸭子
在玩具集装箱落水事件发生七个月后，其中一些玩具鸭子首次被海浪冲上了阿拉斯加的海滩。

太平洋垃圾带
许多玩具鸭子到了太平洋垃圾之后便结束了漂流。这个垃圾的面积有美国得克萨斯州那么大。这里的大部分垃圾都是塑料碎片。

洋流探测
研究人员在研究副极地环流附近玩具鸭子的漂流轨迹后发现，这些玩具在抵达这里之前竟然在海上漂流了三年。

副极地环流

北太平洋暖流

北赤道暖流

日本暖流

集装箱坠海地
满载货物的集装箱在从中国香港至美国航线的中间位置（即太平洋中部）坠海。

南赤道暖流

太平洋

风向的变化
赤道附近的洋流——与中的玩具鸭子一样——风向和地球自转的作用变换着方向。

东澳大利亚暖流

东澳大利亚暖流
这股裹挟着海洋垃圾的暖流是一条海洋高速公路。速度高达7千米/小时的洋流，成了海洋动物们顺流而下的快速通道。

据估计，每年约有2000～10000个

被冻住的漂浮物
被困在北极冰层中的玩具鸭子历经八年时间才穿越了极地海域进入大西洋。

大量的乐高玩具
1997年，一个装有475万块乐高积木（其中包括玩具潜水员、海盗和章鱼）的集装箱在英国康沃尔郡附近的海域坠海。有些玩具被冲到了英国的海滩上，但还有一些漂到了遥远的美国得克萨斯州。

抵达大西洋
2000年，玩具鸭子出现在美国缅因州附近海域，并从这里继续漂流到了英国（2003年）和法国（2007年）。

北大西洋寒流

墨西哥湾暖流

加那利寒流

大西洋

北赤道暖流

南赤道暖流

加利福尼亚寒流

赤道逆流

冲上了岸
许多玩具鸭子被海水冲到了岸上。这些堆积了被冲上岸的海洋垃圾的区域叫作"垃圾收集海滩"。

秘鲁寒流

巴西暖流

玩具鸭子未及之地
到目前为止，这些漂流在海洋中的玩具鸭子还没有一只能够抵达南大西洋海域。

南太平洋环流

秘鲁寒流

南太平洋环流
南太平洋环流是世界五大环流之一。强大的海洋环流能够让附近的海水无限循环地流动下去。

1992年，在北太平洋海域的一场暴风雨中，一个装有2.88万个沐浴玩具的集装箱从货轮上坠入大海。这些玩具鸭子和其他塑料动物玩具的漂流轨迹对海洋学家追踪洋流和测定洋流运动所花的时间起到了帮助作用。有的玩具至今仍漂浮在大海上。科学并不总是与实验室实验有关，但这种方法一定是有史以来最奇特的研究方法之一。

集装箱从货船上坠入海中。

与大自然融为一体

下面三幅图中的这些动物都是自然界的伪装大师。它们通过把自己伪装成花朵、树叶或者树枝，来欺骗捕食者或猎物。

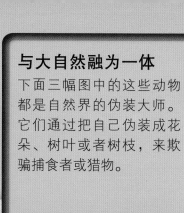

婆罗洲上粉白相间的**冕花螳**伪装成兰花的样子，隐藏在兰花花瓣中，等待猎物。

世界各地有很多种**叶蟥**。由于它们看上去就像树叶一样，因此有时人们又称之为"行走的叶子"。

体形较大且身上布满刺的**竹节虫**可利用自身的颜色和特有的体形将自己隐藏于树枝与干枯的树叶之中。

裳夜蛾
北美洲、欧洲
这种夜蛾的第一对翅膀（前翅）看上去像树皮。当前翅展开后，其第二对色彩艳丽的翅膀（后翅）才能露出来。

比目鱼
大西洋与北太平洋海域
这种灰白色的比目鱼生活在海洋底部，它的皮肤颜色可以与沙子融为一体。

狸白峡蝶
欧洲、亚洲、北美洲
这种蝴蝶的翅膀闭合时，看上去就像一片干枯的树叶。

弓足梢蛛
北美洲、欧洲
为了捕捉猎物，这种蜘蛛会将自身的颜色变成白色或黄色，从而隐藏在鲜花之中。

王朝环蝶
特立尼达岛
王朝环蝶的蛹不仅体形似蛇，而且晃动起来也像一条移动的蛇。

加勒比海礁鱿鱼
加勒比海
这种枪乌贼可以通过皮肤上的特殊细胞改变自身颜色来适应海洋背景的颜色。

玻璃蛙
中美洲、南美洲
由于这种蛙的背部皮肤是绿色的，腹部是透明的，所以当它们趴在树叶上时，不易被捕食者发现。

侧行蝰
纳米比亚、安哥拉
这种毒蛇藏身于沙漠之中，其鳞片看上去与沙子融为一体，它时刻准备着捕食猎物。

仿蛇惊敌

乌柏大蚕蛾，又称"蛇头蛾"，多见于东南亚。它的一对翅膀顶端各有一个像蛇头一样的图案。为抵御威胁，它扇动翅膀来模仿扭动的蛇头。

乌柏大蚕蛾翅膀上的图案
与亚洲的一种剧毒眼镜蛇极为相似。

乌柏大蚕蛾

印度眼镜蛇

黑黄相间的食蚜蝇看上去像黄蜂，但它们

北极狐
北极地区
这种狐狸凭借一身纯白色皮毛，很容易隐藏于北极冬季的雪地里。

亚洲燕尾蝶毛虫
亚洲、美国夏威夷
这种燕尾蝶的毛虫看上去就像鸟粪一样——这让许多饥饿的捕食者失去了兴趣。

枯叶蝶
东南亚
这种蝴蝶翅膀背面的色彩明亮鲜艳，腹面却像一片干枯的叶子。

飞蜥
南亚、东南亚
这种爬行动物的皮肤颜色看上去就像树皮一样。

矛翠蛱蝶毛虫
东南亚、南亚
矛翠蛱蝶的毛虫生活在果树上。它绿色多刺的身体看上去就像一片果树叶。

撒旦叶尾壁虎
马达加斯加岛
这种小型壁虎看上去像一片枯叶，不易被捕食者察觉。

鬼鲉
印度洋、太平洋
这种珍稀鱼类具有毒性，其花哨的外表和奇怪的形状很容易与周围的珊瑚礁融为一体。

拟态章鱼
印度洋—太平洋海域
这种章鱼可以通过改变自身的颜色和形状来模仿其他海洋生物——图中是它模仿成海星的样子。

变色龙
非洲大陆和马达加斯加岛、南欧、南亚
变色龙最著名的特点就是随着自己情绪的改变来变换身体的颜色。

石头鱼
印度洋—太平洋海域
这是一种毒性很强的鱼，其斑驳的外表看上去就像海底的一块岩石。

动物的伪装

无论是为了躲避捕食者，还是为了诱捕猎物，这些狡猾的动物们都善于隐藏自己。在世界各地，能够变色或变形的动物有很多，它们利用自己与生俱来的本领，隐藏、伪装或求生。

伞膜乌贼
澳大利亚南部沿海水域
这种乌贼不仅可以瞬间改变身体的颜色，还能改变身体的形状，让自己看上去像海草、岩石或沙子。

叶海龙
澳大利亚南部沿海水域
这种鱼的身上布满了叶状的附肢，看上去与周围的海草一般无二。

没有螫针，只能依靠这种伪装来避开捕食者。

北美林蛙

阿拉斯加州，美国

这种蛙能够忍受极低的气温，即使身体的三分之二被冻住，它们仍然能够存活。

伦敦地铁蚊子

伦敦，英国

这些生活在伦敦地铁隧道中的昆虫，已演化为以吸食人和老鼠的血液为生。

星鼻鼹

美国东北部、加拿大

这种动物的鼻子呈星状，能够将信息瞬间传递给大脑，是世界上觅食反应速度最快的动物之一。

薄荷酱蠕虫（卷身罗斯考夫蠕虫）

大西洋

这种社群性动物体内有活海藻。它们可通过光照进行光合作用来制造食物。

斑点钝口螈

美国东部、加拿大

这是一种神奇的两栖动物，它们的胚胎能像植物一样，通过光合作用为自己制造食物。

僵尸蠕虫

太平洋、北海、地中海

这种动物的饮食习惯非常奇特——以鲸骨为食。它们靠分泌一种黏稠的酸性物质溶解鲸鱼骨骼来获取营养。

聊狐

北非撒哈拉沙漠

这种狐狸毛茸茸的大耳朵能将它们体内的热量散发出去，有助于保持身体的凉爽。

巨型管虫

东太平洋

这些奇怪的蠕虫，由于自身没有消化系统，所以主要依靠生活在它们体内的细菌来生产食物。

金色箭毒蛙

哥伦比亚

这种毒蛙体内的毒素足以杀死10个成年人。

鬃狼

南美洲中东部

鬃狼的长腿是它们在草原上游荡的利器。它们的耳朵能转动，可以更好地捕捉猎物的声音。

玻璃海绵

南太平洋、西太平洋

这些海绵身体的主要成分是二氧化硅（与制作玻璃的材料相同）。它们因附着其体表的能发光的生物体而发亮。

智利海蛇尾

南部峡湾，智利

这种海洋动物挥舞着自己长长的腕捕捉食物。这些腕可以变成篮子状，专门捕捉磷虾等微小的海洋动物。

海猪

南大洋

这些透明的清道夫以落入海底的食物为生。

南极冰

南大

这种鱼的血液中含有一种防物质，可以有效地防止自己寒冷的海水中被冻僵。

目前已知的唯一一种可以在太空真空环境中

有毒蛙类

这类蛙身上鲜艳的色彩并非只是为了炫耀，它们是在提醒捕食者，自己身上有剧毒。很多无毒的蛙也模仿毒蛙的色彩，这样，捕食者就会避开它们。

草莓箭毒蛙以其独特的蓝色四肢而闻名。

小丑箭毒蛙生活在热带雨林的地面上。

蓝箭毒蛙在野外存活的时间可达4~6年。

洞螈
斯洛文尼亚、克罗地亚
穴居的洞螈（又称盲螈）可以通过皮肤感知光线。

双峰驼
中亚、东亚
双峰驼驼峰中存储的脂肪，使它们能在−28℃~38℃以上的气温下生存。

鼯猴
东南亚
鼯猴身上巨大的皮膜能帮助它们在树梢之间滑翔。

鹤鸵
印度尼西亚、巴布亚新几内亚、澳大利亚
这种不会飞的鸟，已经适应了以一种对大多数动物有毒的果实为食。

獾㹢狓
中非
据说，这种动物能够以捕食者无法听到的声波向自己的幼崽发出警告。

非洲牛蛙
非洲
旱季时，为避免干旱，这种蛙可以把自己藏在湿润的囊中蛰伏数月甚至几年。当雨季到来时，它们再从囊中出来。

动物的适应能力

经过数百万年的进化，许多动物早已适应了自己所处的环境。不管是沙漠还是深海，动物们的这种适应能力足以让它们在各种极端的栖息环境中生存。

棘蜥
澳大利亚
这种生活在干旱环境中的棘蜥能够把水分保存在自己的鳞片之间。

生存的微生物叫作缓步动物（水熊虫）。

闪闪发光的大海

每年3~5月，日本富山湾都会迎来大量的萤火鱿到此产卵。萤火鱿发出的光将整个海湾都变成了蔚为壮观的浅蓝色。

栉水母
全球范围的海洋
这种美丽的卵形动物，在游动时会产生闪烁的彩虹般的荧光。

深海斧头鱼
全球范围的海洋
这种鱼的形状十分怪异，它们发出的生物光主要用于干扰捕食者。

无鳞黑巨口鱼
全球范围的海洋
这种体形细长、外貌奇特的鱼，拥有显著的獠牙般的牙齿。为了便于在深海中捕食，其下颌处长有一个能发光的拟饵体。

水晶果冻水母
北美洲太平洋沿岸海域
这种水母直径可达25厘米，当受到打扰时会发出亮光。

网纹猫鲨
加勒比海、墨西哥湾
这种栖息于海底的小型鲨鱼的皮肤上有一种色素，可以发出绿色的光。

玻璃鱿鱼
太平洋
在幼年时期，这种鱿鱼身上长有一个会发光的雪茄形消化腺。

深海鮟鱇
全球范围的海洋
这种外形令人害怕的鱼，有一个可以发光的拟饵体，用以引诱其他动物。

吸血鬼鱿鱼（幽灵蛸）
热带和亚热带海洋
在黑暗中，这种小型鱿鱼不仅每个触手的末端都会发光，还能喷出发光的物质，以此迷惑可能的捕食者。

灯笼鱼
全球范围的海洋
这种鱼通过发光来求偶以及与同类交流。

动物们发光的目的各有不同：有的为了吸引猎物，有的为了

黑暗中发光的陆地动物

虽然世界上大多数会发光的动物都生活在海洋中，但也有少数陆地动物会发光，其中大多数都是昆虫。

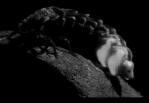

有些昆虫拥有发光的能力，它们被统称为萤科动物。

同一生存周期的萤火虫会同步发光。它们的发光器会同时打开或关闭。

竖毛甲的幼虫，又称"铁轨虫"，能发出绿色的光。

在目前已知的约1.2万种**倍足纲节肢动物**中，能够发光的仅有很少的一部分。

萤火鱿
西太平洋
这种体形较小的鱿鱼通过发出深蓝色的光来躲避捕食者，同时它们也用自身发出的光来求偶。

虾蛄
印度洋、太平洋
某些种类的虾蛄是可以发光的。

侏儒鲨
全球范围的海洋
这种鲨鱼利用在水中发亮的白色腹部来伪装自己，让其他动物误以为是照射到海面的阳光。

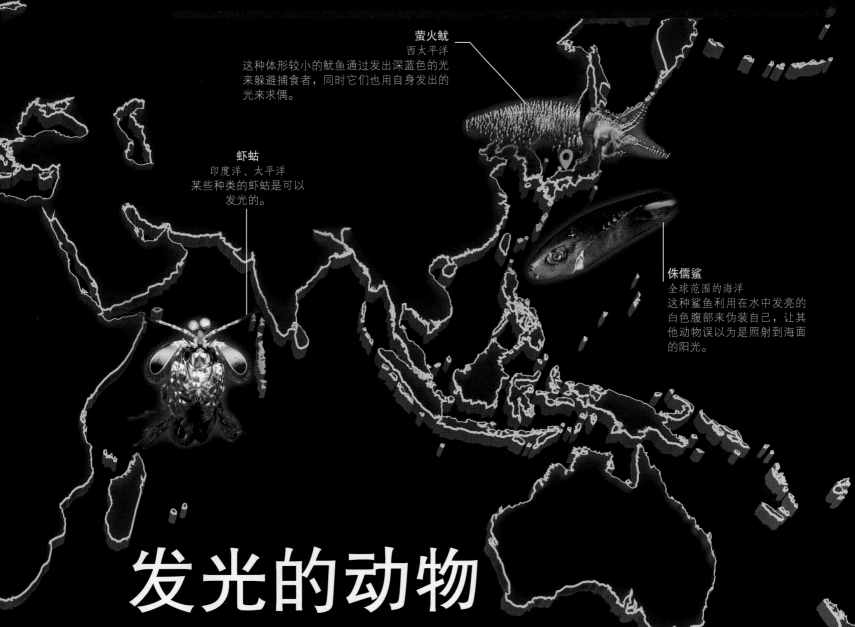

发光的动物

如果到黑暗的深海走一遭，你很有可能会目睹一场自然界伟大的光影变幻表演。地球上大约80%会发光的动物都生活在海洋中。

躲避捕食者，有的为了伪装，有的为了导航，有的为了交流。

雪羊
加拿大、美国
这种动物是自然界最优秀的攀岩者，它们能攀登极其陡峭的山坡。

冠海豹
北大西洋、北冰洋
雄性海豹的鼻子上长有一个皮囊。当需要吸引异性或吓跑竞争对手时，皮囊会充气变大，看上去像一个粉色的气球。

蜣螂
非洲、欧洲、亚洲
这种甲虫仅用一个晚上就可以将250倍于自己体重的粪球埋到地下。

得克萨斯角蜥
美国南部、墨西哥
当受到威胁时，这种小型沙漠蜥蜴能从眼角喷出鲜血。

爬树山羊
摩洛哥
为了采食阿甘树上的果实，这种会爬树的山羊能攀上10米高的树枝。

沟齿鼩
古巴、多米尼加、海地
这种体形较小、形似鼩鼱的动物，是极少带有毒性的哺乳动物之一。

青步甲
非洲、欧洲、亚洲
这种甲虫的幼虫紧贴在蛙类等较大的两栖动物身上，然后将它们吃掉。

冠蜥
中美洲
这种生活在热带雨林中的蜥蜴可以在水面上奔跑，以躲避捕食者。

电鳗
亚马孙河、奥里诺科河
攻击猎物时，电鳗能释放出高达600伏特的电压。这是美国民用交流电压的五倍多。

长颈羚
非洲东北部
这种羚羊用后腿站立起来，可以够到1.8～2.4米高的树叶。

三趾树懒
中美洲、南美洲
这种树栖动物动作十分缓慢，以至于它的身上长满了藻类。

装饰蟹
这些螃蟹是自然界的化装爱好者，它们经常用海藻、海绵和海葵等装饰自己。不过，它们这么做可不仅仅是炫耀：这些装饰品能帮助它们伪装，从而躲避捕食者。

海绵装饰蟹　　　　　猩猩装饰蟹　　　　　海葵装饰蟹

河鲀体内含有一种叫作河鲀毒素的物质，

动物的本能

从有毒的啮咬、电击，到站立、攀爬、飞行甚至充气等这些非同寻常的特殊技能，动物们已发展出大量与众不同的行为习惯和防御机制。

极北鲵
北极地区、欧洲北部、亚洲
在极低的温度下，这种两栖动物可以通过冷冻身体的方式存活，直到气温上升后再苏醒。

伊豚
东南亚
这种海豚主要生活于河口水域。许多渔民都曾讲述过关于伊豚将鱼引入渔网，帮助渔民捕鱼的故事。

河鲀
全球范围的热带和亚热带水域
作为一种防御方式，河鲀可以通过吞入大量的水让自己的身体变成一个无法被吞食的大圆球。

哈氏彩蝠
东南亚
这种蝙蝠与猪笼草之间拥有一种特殊的关系。猪笼草为它们提供庇护所，作为回报，哈氏彩蝠将粪便留在这些植物之间，为它们提供必需的氮肥。

椰子蟹
印度洋与太平洋诸岛屿附近
这种体形巨大的螃蟹，身长可达1米，它们的螯能夹开椰子壳。

海兔
印度洋、太平洋
这些海兔看上去十分可爱，但它们的皮肤有剧毒，它们以此保护自己免受捕食者伤害。

袋熊
澳大利亚
这种动物的方形粪便是它们划定自己活动区域的工具。如果粪便是圆形的，就可能会四处滚动。

弹涂鱼
西北太平洋沿岸海域
这种"两栖"鱼类，既可以攀爬，又可以行走，甚至可以在水面上跳跃。

水滴鱼
澳大利亚沿海水域
这种鱼的体内几乎没有肌肉。它们只能在水下600~1200米的深度随波逐流，吞食漂浮到它们面前的可食物质。

飞鱼
全球范围的温带海洋
为了逃避捕食者，这些鱼能跃出水面，并利用翅膀状的胸鳍在空中滑翔。

其毒性比氰化物还要高出约1000倍。

同类相残的动物

当很难在野外找到食物时，有些动物甚至会吃掉自己的家族成员。这种残忍的同类相食的行为往往是它们活下去的唯一途径。

黑尾草原犬鼠
加拿大南部、美国、墨西哥
雌性黑尾草原犬鼠会吃掉同类的幼崽。

北极熊
北极地区
随着冰雪的消融，北极熊的狩猎区逐渐缩小。这种哺乳动物因此被迫猎食同类幼崽。

虎纹钝口螈
北美洲
当食物短缺时，虎纹钝口螈的幼体为了确保自身有足够的能量，会吃掉其他同类幼体。

蟋蟀
全球范围
当食物短缺时，很多种类的蟋蟀都会互相撕咬、残杀。

以色列金蝎
北非、中东
遇到其他蝎子就把它吃掉，是这种残酷动物的常见行为。

墨西哥多斑响尾蛇
墨西哥
为了恢复身体，刚刚产下幼蛇的雌蛇会吞食掉不能成活的幼蛇。

巨型海蟾蜍
中美洲、南美洲、澳大利亚
还处于蝌蚪阶段的时候，这种两栖动物就通过吞食其他巨型海蟾蜍的卵来获取营养。成年巨型海蟾蜍有时也会吞食较小的巨型海蟾蜍。

鳄
热带和亚热带地区
极度饥饿的时候，鳄也会同类相残。

穴居的狼蛛
南美洲
对于这种蜘蛛而言，同类相食是司空见惯的事情。无论雌蛛还是雄蛛，都有可能将伴侣吃掉。

啄的力量
鸡通常以相互啄对方作为一种交流的方式，但有时互啄也会变成具有攻击性的行为。它们之间不仅会将对方啄出血，有时甚至会活生生地撕下对方的小块皮肤并吞食掉。

有的动物可能会吃掉自己身体的某个部位，只是

科莫多巨蜥

印度尼西亚的科莫多巨蜥是自然界最大的蜥蜴，身长可达3米。它们处于食物链的顶端。它们什么肉都吃，从不介意是鲜肉还是腐肉。然而，当食物短缺时，它们会吃掉幼蜥。为了避免被成年巨蜥吃掉，幼蜥们多生活在树上，甚至还会在粪便中打个滚，以此让成年巨蜥避开它们。

狮子
印度、非洲
当新的雄狮称霸狮群后，往往会将狮群中其他雄性幼崽都杀死并吃掉。

仓鼠
欧亚大陆
受食物短缺的影响，95%的野生仓鼠幼鼠都会被同类吃掉。

懒熊
印度、斯里兰卡、尼泊尔、不丹
母熊会将生病的幼崽吃掉，从而让自己有足够的力量哺育其他健康的幼崽。

螳螂
全球范围
雌螳螂会在交配后甚至是在交配过程中将雄螳螂的头咬掉。

澳洲野犬
澳大利亚、东南亚
即使在有其他食物来源的情况下，这种野犬也会相互残杀，吃掉输家。

黑猩猩
西非、中非
这种灵长类动物会吃掉其他雄性黑猩猩的幼崽，但在2017年发生了一件不寻常的事情——黑猩猩们还将它们罢黜的首领吃掉了。

狐獴
非洲南部
狐獴是世界上最凶残的哺乳动物之一，具有统治地位的雌性狐獴常常会吃掉其他雌性的幼崽。

弑母动物

黑蕾丝蜘蛛的雌蛛是动物王国里最具有奉献精神的母亲之一。它们通过不停地产卵来喂养自己的宝宝，直到耗尽自己为止。然而此时，幼蛛们的狩猎本性爆发，它们会将母蛛活生生地吃掉。

澳大利亚红背蜘蛛
澳大利亚、新西兰、东南亚
与许多其他种类的蜘蛛一样，雌蛛在交配后会将雄蛛吃掉。

这种现象不太常见。有人曾见过吞掉自己尾巴的蛇。

蚊子群
阿拉斯加州，美国，每年夏季
每年，当气温升高后，这些吸血小虫就
开始成群地大量涌现，袭击驯鹿等迁徙
回来的动物。

非洲大蜗牛群
南美洲北部、美国佛罗
里达州，至今仍存在
这种入侵物种的身上可能
携带着致命的寄生虫。

红嘴奎利亚雀群
撒哈拉以南非洲，至今仍存在
成千上万的红嘴奎利亚雀是当地
重要农作物的破坏者，因此它们
被称为"长着羽毛的蝗虫"。

蟋蟀群
俄克拉何马州，美国，2013年
罕见的大规模蟋蟀群惊现街
头，这些蟋蟀以已经死去的蟋
蟀为食。

狒狒群
开普敦，南非，至今仍存在
成群的狒狒经常明目张胆地到
人类居住区抢夺食物，甚至还
爬入高层楼的居民家中。

蜻蜓群
阿根廷，1991年
据估计，当年出现的巨大蜻蜓群，
大约有40亿~60亿只蜻蜓。

椋鸟飞行时，通常结成一个巨大的如乌云般

水母群
黑海，20世纪80年代
这种栉水母的繁殖速度惊人，它们破坏了当地鱼类种群的平衡。

亚洲大黄蜂群
陕西省，中国，2013年
这种带有毒螫针的昆虫当年曾蜇伤1500余人，还杀死了许多其他种类的蜂。

蝗虫群
2004年，非洲部分地区与中东地区遭遇了严重的蝗灾。这种昆虫吞噬了大面积的农作物。每只蝗虫一天可以吃掉相当于自己体重的食物。

蝗虫群
北非、西非与中东，2004年

狼蛛群
萨地亚，印度，2012
在一个节日的庆祝活动中，许多人被突如其来的大群狼蛛咬伤。

黑熊群
卢切戈尔斯克，俄罗斯，2015年
在俄罗斯卢切戈尔斯克小镇的街头，成群的黑熊袭击过路的行人。

鼠群
澳大利亚，1993年
这是澳大利亚有史以来给农民造成损失最大的一次鼠患。老鼠不仅祸害了农作物，而且伤害了大量牲畜。

动物群

躲在家里别出门！因为，聚集成群的动物真的会给人类带来灾难！世界各地都曾发生过各种各样的动物大量涌入的现象，给人类社会造成严重破坏。

狐蝠群
巴特曼斯湾，澳大利亚，2016年
巨大的蝙蝠群不仅撞坏了输电线，还到处排泄粪便。

的鸟群。鸟群所到之处，天空瞬间变暗。

企鹅的聚会

在马尔维纳斯群岛筑巢的巴布亚企鹅，比地球上其他任何地方的同类企鹅都多。巴布亚企鹅是生活在该群岛上的五种企鹅之一，在筑巢繁殖季节，其数量可高达百万。然而该群岛上的人类数量仅约3000人。

野马

阿萨蒂格岛，美国
这个偏僻多风的岛屿是一个气候恶劣的栖息地，但仍有成百上千的野马在此安家落户。

小袋鼠

兰贝岛，爱尔兰
这种有袋类动物通常只发现于澳大利亚及巴布亚新几内亚。20世纪50年代，一些小袋鼠被引入爱尔兰，它们一直生活在离爱尔兰海岸线不远的这座岛屿上。

野鸡

考艾岛，夏威夷群岛，美国
在这座夏威夷的岛屿上，人们可以看到成百上千只野鸡大摇大摆地在道路上行走，甚至穿越停车场、超市等地方。

猪

猪岛，埃克苏马群岛，巴哈马
这个无人居住的小岛是猪的天堂。它们为了取悦游客获取食物，甚至游到海里。

蛇

蛇岛，巴西
巴西政府禁止游客擅自登岛，以防止他们被岛上栖息的2000~4000条剧毒的金矛头蝮蛇伤害。

猴子

卡约圣地亚哥岛，波多黎各岛附近
这座岛屿很受研究人员的青睐，因为这里生活着1000多只迁徙而来的恒河猴可供他们研究。

动物之岛

人类也许是世界上很多地方的主人，但有些地方是由动物主宰的。全球已经有许多岛屿被迁徙来的动物占据。

蛇岛上的金矛头蝮蛇的毒性是

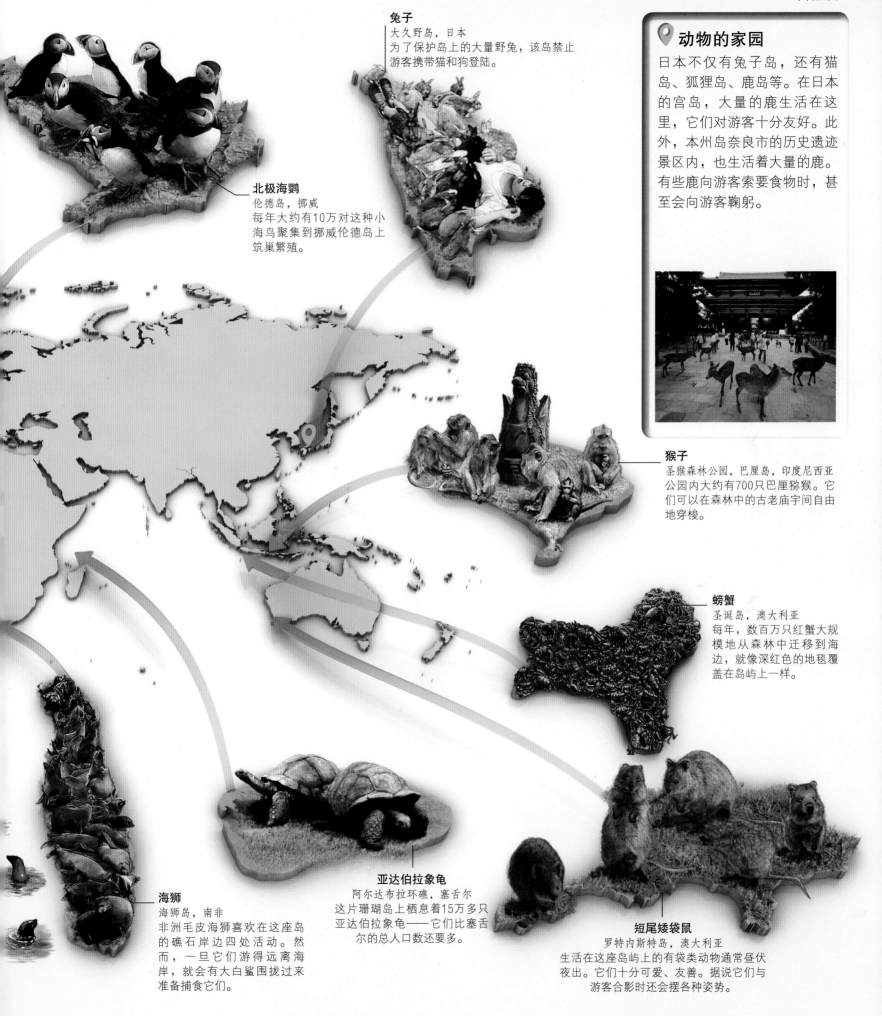

兔子
大久野岛，日本
为了保护岛上的大量野兔，该岛禁止游客携带猫和狗登陆。

动物的家园
日本不仅有兔子岛，还有猫岛、狐狸岛、鹿岛等。在日本的宫岛，大量的鹿生活在这里，它们对游客十分友好。此外，本州岛奈良市的历史遗迹景区内，也生活着大量的鹿。有些鹿向游客索要食物时，甚至会向游客鞠躬。

北极海鹦
伦德岛，挪威
每年大约有10万对这种小海鸟聚集到挪威伦德岛上筑巢繁殖。

猴子
圣猴森林公园，巴厘岛，印度尼西亚
公园内大约有700只巴厘猕猴。它们可以在森林中的古老庙宇间自由地穿梭。

螃蟹
圣诞岛，澳大利亚
每年，数百万只红蟹大规模地从森林中迁移到海边，就像深红色的地毯覆盖在岛屿上一样。

海狮
海狮岛，南非
非洲毛皮海狮喜欢在这座岛的礁石岸边四处活动。然而，一旦它们游得远离海岸，就会有大白鲨围拢过来准备捕食它们。

亚达伯拉象龟
阿尔达布拉环礁，塞舌尔
这片珊瑚岛上栖息着15万多只亚达伯拉象龟——它们比塞舌尔的总人口数还要多。

短尾矮袋鼠
罗特内斯特岛，澳大利亚
生活在这座岛屿上的有袋类动物通常昼伏夜出。它们十分可爱、友善。据说它们与游客合影时还会摆各种姿势。

巴西附近地区其他矛头蝮蛇的五倍。

伯米斯树
艾伯塔省，加拿大
早在20世纪70年代，这棵树龄约700年的柔枝松的松针就已落净，但它至今仍屹立不倒。

世界上最古老的树
达拉纳省，瑞典
这棵世界上最古老的树是一棵欧洲云杉，其根系已约有9550年的寿命，即早在末次冰期时它就已经开始生长。

教堂橡树
阿鲁威尔－贝尔佛思村，法国
这棵橡树据说已有800余岁，是法国最古老的树木之一，是两座小教堂的所在地。

巨杉
加利福尼亚州，美国
这种巨大的树木可以长到85米高，其粗大的树干直径可超过9米。

毒番石榴
中美洲
这种树被西班牙语国家称为"死亡之树"，因为这种树从树叶到树干都有毒性。

观峰玉
墨西哥西北部
这种形状奇特的树木又名"柱状福桂树"，其高度可达15米。

蜡棕
哥伦比亚
在哥伦比亚的科科尔纳山谷，成百上千棵蜡棕高高耸立——树高可达60米，看上去令人头晕目眩。

香肠树
撒哈拉以南非洲
这种树的果实看上去像香肠并且可以长到60厘米以上。

嘉宝果树
巴西、玻利维亚、巴拉圭、阿根廷
嘉宝果树的果实直接长在树枝和树干上。科学家们一直在研究这种果实是否具有药用价值。

怪异的树木

世界各地有许多怪异和令人称奇的树木。这些怪异的树木无论是其惊人的高度、奇特的形状，还是其有毒的部位，都使它们要么成为吸引游客的地方，要么成为令人唯恐避之不及之物。

这种有毒的沙盒树，生长于美洲，其果实成熟后

弯曲森林
格雷菲诺，波兰
这片森林中的400棵松树都朝着同一个方向弯曲生长，其原因至今无人知晓。

生命之树
巴林
在没有任何可见水源的情况下，这棵400岁的树却能够在沙漠中茁壮成长。

塑形树
1947年，瑞典"树木塑形师"阿克塞尔·埃兰德松的塑树展在加利福尼亚开幕。塑树展展出了阿克塞尔种植并塑造的许多不同造型的树。时至今日，在加利福尼亚的吉尔罗伊花园中还生长着一些塑形树（如右图）。

活树根桥
梅加拉亚邦，印度
这是印度卡西族人用橡胶树的树根搭成的一种坚固的桥梁。

塔普伦寺
暹粒省，柬埔寨
树木的根部贯穿了这座12世纪修建的佛教寺庙，并且与这座建筑早已浑然一体。

龙血树
索科特拉岛，也门
这种伞形的树之所以叫作龙血树，是因为其树皮会渗出红色的树脂。

彩虹桉树
巴布亚新几内亚、印度尼西亚、菲律宾
彩虹桉树的树皮色彩丰富，有橙色、绿色、红色，也有灰色、蓝色。这些颜色是桉树皮成熟、脱落后形成的。

猴面包树大道
马达加斯加岛
这些猴面包树，看上去像是倒栽的，排列在一条土路的两侧。

隧道树
在加利福尼亚的约塞米蒂国家公园，有一棵巨大的瓦沃纳树，由于树干中被凿出一条巨大的隧道而成为著名的旅游景点。至1969年，这棵巨杉树倒下时，它经历了2100个春秋，树干高达71米。

酒瓶树（纺锤树）
金伯利高原，西澳大利州，澳大利亚
这种树既有药用价值，又可以为人们提供食物，其粗粗的树干还可以作为动物的栖息场所。

斜坡角树
南岛，新西兰
南极洲的强风将斜坡角上的树木吹得扭扭曲曲，形成了这种奇特的景观。

会爆炸，并以极快的速度射出有毒的种子。

黄花水芭蕉（美洲臭菘）
加拿大、美国
为了吸引授粉昆虫，黄花水芭蕉的花朵能散发一种类似臭鼬产生的味道。

含生草（还魂草）
奇瓦瓦沙漠

龙海芋
克里特岛、爱琴海诸岛、巴尔干半岛
这种花朵长长的花蕊散发着腐肉的味道，因此能吸引苍蝇等飞虫。

捕蝇草
北卡罗来纳州、南卡罗来纳州，美国
当昆虫落在叶片上时，这种食虫植物可迅速地将两片叶子合拢，再通过分泌酸性物质来溶解并消化昆虫。

蝙脸萼距花
中美洲
如同耳朵一般的花瓣使得这种紫色的花朵看上去更像一只蝙蝠。

沙漠葫芦
非洲、亚洲
这种植物长长的根系能让它们在沙漠中吸收到水分。

凹脉鼠尾草（嘴唇花）
中美洲、南美洲
这种雨林植物的花朵周围包裹着两片像红唇一般的苞片（变态叶）。

生石花
纳米布沙漠
生石花的两片厚实、肉质的叶子有助于它们在干燥的沙漠环境中储存水分。

王莲
亚马孙河流域
直径达3米宽的莲叶足以承载一个幼童的重量。

弹簧草
纳米比亚、南非
这种植物（非草本植物）的螺旋形叶子在阳光照射下会变得更加卷曲。

据统计，全世界已知的**植物物种**多达**390900**种。

帝王茅膏菜
南非
这种食虫植物，目前仅发现于南非的一个山谷中。当周围有飞虫时，其叶子会迅速卷住飞虫并消化掉它们。

含生草（还魂草）
这种沙漠植物能够适应长时间的干旱，并在雨后重新复苏。

干旱时，其叶子卷曲，形成一个紧密的棕色球。

雨后，其叶子重新舒展开来，变成一株健康的绿色植物。

达尔文蒲包花
南美洲南部
这种形状怪异的花朵是科学家查尔斯·达尔文发现的。

无根萍是世界上最小的种子植物，其叶状体直径

伪装大师

为了吸引传播花粉的昆虫，许多花朵的形状都长得十分奇特。例如，有些兰花的形状酷似某些动物。

当飞虫落在**卡丽娜兰**的花朵上时，兰花"头部"（雌蕊）会主动弯下来接受花粉。

猴面小龙兰的花朵末端有一个"唇瓣"，看上去就像猴子的四肢和尾巴。

水晶兰（幽灵草）
亚洲、北美洲
与众不同的是，这种全白的植物是以真菌为食的。

箭根薯（黑蝙蝠花）
东南亚、中国南部
这种植物长有一种形似蝙蝠的总苞片和可达30厘米的"长须"（小苞片）。

鹭兰
东亚、俄罗斯
这种植物的白色花朵十分精致，看上去像一只在空中飞行的鸟。

芳香吊灯花
印度
这种十分罕见的藤蔓植物生长于海拔3000米的地方。

阿滕伯勒猪笼草
菲律宾群岛
阿滕伯勒猪笼草的瓶状体中充满了液体，足以淹死老鼠。

巨魔芋
西苏门答腊省，印度尼西亚
这种花高达3米，不仅散发着臭味，并且花朵温度大大高于周围温度，造成一种腐烂的假象，以此吸引昆虫。

地下兰
西澳大利亚州，澳大利亚
这种生活于地下的植物接收不到光线，依靠真菌获得营养。

澳洲沙漠豆
澳大利亚中部和西北部
红色的花瓣和花瓣上黑色的凸起，看上去就像外星人的头部。

布纹球
南非
这种沙漠植物丰满的球茎内储藏着水分。

奇花异草

在众多植物之中，有些花草可能算不上最漂亮，但它们每一种都有被列入奇花异草名单中的理由。它们的奇特之处，往往都有一个目的：帮助自己生存或繁殖。

巨树荨麻
新西兰
如果一个人被这种3米多高的超大荨麻连续刺伤几次，就可能毙命。

董紫珊瑚菌
北美洲、南美洲、亚洲、大洋洲、欧洲
这种真菌多见于林地和草地。

英国独有地星属真菌
英国
这一物种非常罕见，目前仅发现于英国境内。

佩氏亚齿菌（魔鬼牙齿）
北美洲、欧洲、亚洲
刚长出地面的子实体会渗出"血"一样的红色液汁。

紫绒丝膜菌
北美洲、亚洲、欧洲
这是一种十分鲜艳的紫色真菌。

格子臭角
北美洲、亚欧大陆
这种形状怪异的多孔真菌又称"红笼头菌"，因为它看上去简直就像一个红色的笼子。

羊肚菌
北美洲、亚洲、欧洲
美国明尼苏达州将这种真菌定为"州菌"。

密孢枝瑚菌
西北太平洋沿海地区、北美洲
这种真菌是墨西哥地区的一种美味佳肴。

斑鬼笔
中美洲、南美洲
黏糊糊的棕色孢子环散发着臭味，以此吸引蜜蜂前来授粉。

形色各异的菌类

真菌的"身体"大部分是看不见的，多数情况下是被埋藏在地下的。出现在地面上的实际上是真菌的子实体。这里所列菌类的外形、大小和颜色与超市里常见的蘑菇有很大不同。

红毛盘菌
全球范围
这种圆圆的红色真菌，其边缘长满了毛。

孢子的传播
菌类的孢子必须传播出去才能够繁殖。其中大多数菌类的孢子都依靠以它们为食的动物或风来传播。马勒菌则采用另外一种方式，即通过"爆炸"来增加孢子的传播距离。

世界上最大的生物是一种覆盖了美国俄勒冈州

网盖红褶伞
北美洲、亚欧大陆
北部
这种真菌通常生
长在朽木上。

珊瑚状猴头菌
北美洲、欧洲、大洋洲
这种食用菌看上去像冰花。

云芝栓孔菌
全球范围
这种真菌的外形像火
鸡的尾巴。

僵尸真菌
这种真菌存活的方式很可
怕：它们能将弓背蚁变成僵
尸。真菌先钻入蚂蚁的大
脑，控制蚂蚁的神经系统，
促使蚂蚁爬到植物上，咬住
树叶直到死去。然后真菌从
蚂蚁的头部长出来并释放孢
子，再感染下一个受害者。

地星状裂杯菌
日本、美国
这种稀有的真菌裂开后像一朵绽放
的花。

荧光小菇
亚洲、南美洲、大洋洲
这种小型的菌类在夜晚会发出绿色
的荧光。

鹿花菌
全球范围
由于外形的原因，鹿花菌
又称"头巾菌""大脑蘑
菇"。

毛钉菇
亚洲、北美洲
这个花瓶形真菌的菌盖，直径
可达15厘米。

杏黄胶孔菌
全球范围
这种生长于木材上的菌类最早
发现于马达加斯加岛。菌盖下
的大孔使它看上去像一把用海
绵制成的扇子。

长裙鬼笔
非洲、北美洲、南美洲、亚洲
南部（包括中国和日本）、澳
大利亚
这种外形优美但微臭的鬼笔科
菌类，不仅在古代的中药文献
中有记载，在尼日利亚民间传
说中也有记载。

红星头鬼笔
澳大利亚、新西兰、太平洋诸岛
这种最初呈蛋状的真菌生有"触手"。菌盖
上微臭的棕色黏液中含有孢子。

粉红笼头菌（章鱼鬼笔）
新西兰、澳大利亚
这种带有腐肉臭味的真菌，又被称
作"恶魔的手指"。

9.6平方千米的真菌。它可能已生长了8650年。

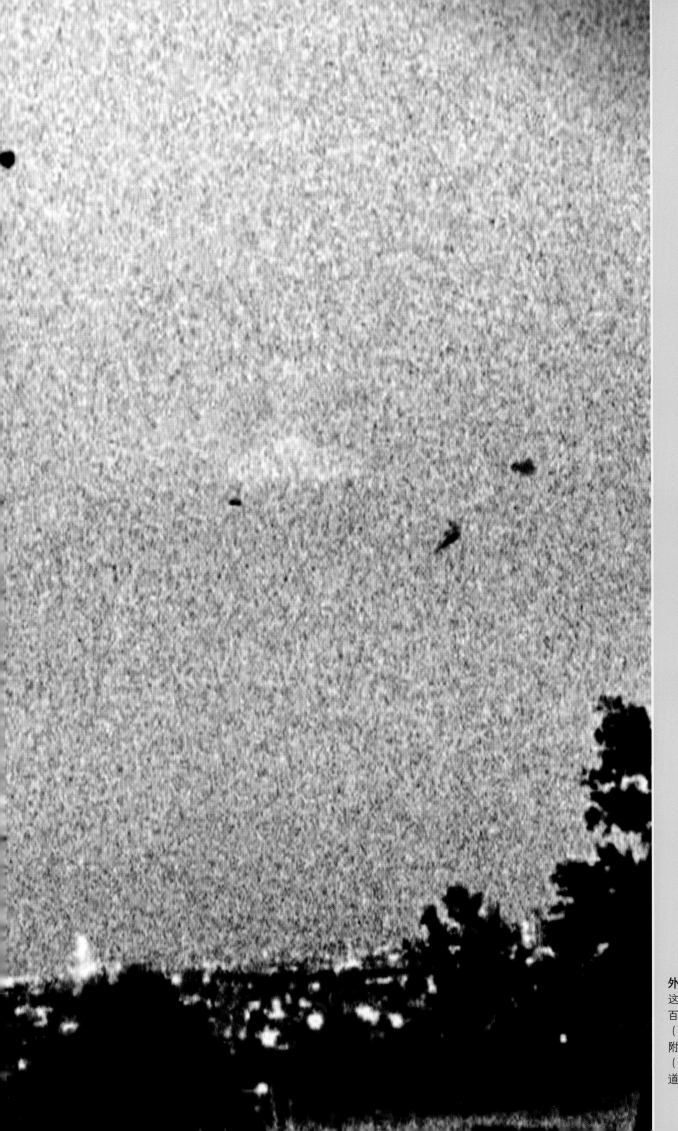

超自然现象

外星人事件

这幅照片拍摄于1966年。当时有数百人声称目击到一个不明飞行物（UFO）在澳大利亚韦斯托尔高中附近着陆。50余年后，一位女士（当年只有13岁）仍声称"我们知道当初我们看到了什么"。

神秘的怪兽

世界各地都曾有人声称看到过可怕的神秘怪兽。有些目击事件中的动物，听起来像来自另一个时代的恐龙；而有些目击者所描述的动物则比我们目前所知的任何动物都大很多，而且更加可怕。

大脚怪
华盛顿州，美国，1969年
当时所拍摄照片中的脚印约有45厘米长，应该是类似猿的大型动物留下的。

巨型章鱼
马萨诸塞州，美国，1817年
许多人曾在格洛斯特港口附近看到过一条巨型章鱼。

尼斯湖水怪
苏格兰，英国，193
多家报纸均报道过，
人在尼斯湖中见到
种巨型长颈生物。

巨型鸟
阿拉斯加州，美国，2002年
多位目击者声称见到了一只像翼龙似的巨鸟，其翼展长达4米。

天蛾人
弗吉尼亚州，美国，1966年
在波因特普莱森特附近，人们曾几次目击到一个眼睛发着红光、长着翅膀的人形生物。

恶精灵
爱尔兰，1880年
传说这种怪物可变成狗或马的外形，有可能会帮助人，也有可能会作恶。

博德明怪兽
博德明高沼，英国，1999年
当有许多羊遭到捕杀，同时又有人发现了一头大型猫科动物的踪迹时，搜寻博德明怪兽的行动便开始了。

鳄鱼鸟
亚利桑那州，美国，1890年
据一份报纸报道，牛仔们在沙漠中发现了一个长着翅膀、头部像鳄鱼的生物。

雅特夫
尼加拉瓜，1892年
旅行者在这里发现了一种叫作"雅特夫"的奇怪的食肉藤蔓植物。"雅特夫"（ya-te-veo）在西班牙语中是"我看到你了"的意思。

狼人
波利尼，法国，1521年
在法国的波利尼；有三个能够变身为狼人的男子遭到指控。

猎羊兽
波多黎各自由邦，美国，1995年
这里曾连续发生过羊被杀死并被吸干血的事件。

食人树
法属圭亚那，19世纪90年代
到此地旅行的人们听到过有关吃人的怪树的故事。

巨河怪
加蓬、刚果，1913年
一支探险队在这里曾听到过关于一种形似大象的怪兽的传说。与大象不同的是，怪兽的脖子长长的，喜欢待在池塘深水中。

卓柏卡布拉
智利，20世纪90年代
这种名叫"卓柏卡布拉"的吸血动物经常出现在当地的民间传说中。

图例
这幅地图中的许多怪兽插图都非常相似，并且在全世界不同的地区出现过。本图例分别描述了这些类似怪兽的共同特征。

格罗布斯特
被海浪冲到岸边的无固定形状且散发腥臭味的不明生物体（又称"布罗布"）。

1921～2013年，美国和加拿大对有关

海怪
挪威，1753年
水手们所讲述的"鲸鱼大战章鱼"传说中的动物。

瓦拉日丁怪兽
克罗地亚，1975年
据说当地有一种两眼放光、形似犬类的可怕动物出没。

蝠翼蜥
赞比亚，1923年
据目击者描述，他们发现了一只凶猛的形似蜥蜴的大鸟。

雪人
塔吉克斯坦，1979年
人们在塔吉克斯坦的山区发现了这种巨型动物留下的脚印。

丛林狼人
泰国，1960年
一名猎人偶遇了这个刚刚袭击了附近村庄的恐怖怪兽。

尼斯湖水怪

曾有很多人在苏格兰的尼斯湖看到水怪。然而，并非所有目击者的描述都是真实的：这幅摄于1934年的照片最终被认定是个骗局。也有很多人推测这个叫作"尼西"的尼斯湖水怪是真实存在的，并声称它可能是一种名为"蛇颈龙"的古代海洋爬行动物。

婆罗洲雪人
婆罗洲（加里曼丹岛），1960年
传说这里的大山中有一个形似雪人的动物出没。

食人树
马达加斯加，1878年
一位旅行者曾在信中讲述了一棵吞噬了年轻女子的怪树。

深海怪兽
南非，1922年
据报纸报道，一具从未见过的深海怪兽的尸体被冲上了马盖特海滩。

大海蛇
南非，1848年
水手们在好望角发现了一条20米长的海蛇。

霍巴特的格罗布斯特
塔斯马尼亚，1960年
一个又肥又大的不明生物（布罗布）被冲到了海岸上。

卓柏卡布拉
吸血动物，又称吸食山羊血的怪物。

大型猫科动物
身体大小与狼或鹿相仿，外形类似猫的动物。

黑犬/妖精/恶精灵
形似犬类的怪兽，双眼闪闪发光。

狼人
能变身为野狼且发出狼嚎声的人类。

雪人
一种生活在山区的、笨重多毛的人形巨兽。

会飞的爬行动物
一种拥有巨喙和双翼的可怕怪兽。

食人树
将人类作为猎物困在带刺的枝蔓中的树。

巨型章鱼
长有许多触手的大型海洋生物。

大海蛇
生活在海洋深处的巨型蛇形怪物。

大脚野人（萨斯科奇人）的报道多达3313次。

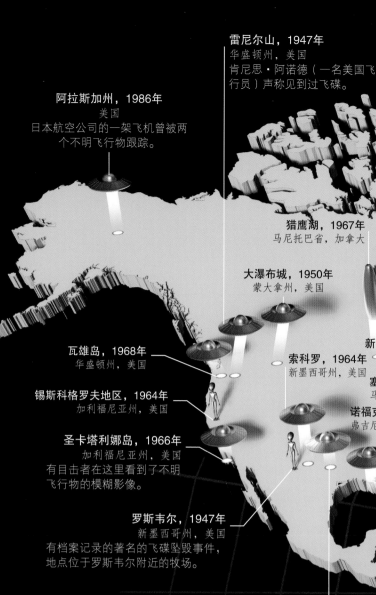

阿拉斯加州，1986年
美国
日本航空公司的一架飞机曾被两个不明飞行物跟踪。

雷尼尔山，1947年
华盛顿州，美国
肯尼思·阿诺德（一名美国飞行员）声称见到过飞碟。

格赖夫斯瓦尔德，1990年
德国

昂斯，1990年
比利时
许多目击者都声称看到了一群无声的黑色三角形飞行器。

猎鹰湖，1967年
马尼托巴省，加拿大

大瀑布城，1950年
蒙大拿州，美国

爱德华王子岛，2014年
加拿大

伦德尔沙姆森林，1980年
英国
有人看到一道强光穿过树林，似乎是一个飞行器着陆。

瓦雄岛，1968年
华盛顿州，美国

新罕布什尔州，1961年
美国

索科罗，1964年
新墨西哥州，美国

塞勒姆，1952年
马萨诸塞州，美国

屈萨克，1967年
奥弗涅大区，法国

锡斯科格罗夫地区，1964年
加利福尼亚州，美国

诺福克，1952年
弗吉尼亚州，美国

沙格港，1967年
加拿大
一个巨大而明亮的物体在港口坠落。

格拉纳达，1957年
西班牙
战斗机的飞行员们曾目睹一个发光的不明飞行物穿过西班牙与葡萄牙的边境。

马尼塞斯，1979年
西班牙

圣卡塔利娜岛，1966年
加利福尼亚州，美国
有目击者在这里看到了不明飞行物的模糊影像。

加那利群岛，1976年
西班牙

罗斯韦尔，1947年
新墨西哥州，美国
有档案记录的著名的飞碟坠毁事件，地点位于罗斯韦尔附近的牧场。

墨西哥湾，1952年

科拉里斯岛，1977年
巴西

拉伯克，1951年
得克萨斯州，美国
据报道，有人在当地空中发现排列成"V"形的不明发光体，它后来被称为"拉伯克发光体"。

米纳斯吉拉斯州，1957年
巴西
巴西农夫安东尼奥·维拉斯·博阿斯声称自己曾被外星人劫持。

不明飞行物目击事件

世界各地的空中都曾出现过奇怪的亮光和怪异的飞行物。没有人能够解释这些东西到底是什么。甚至有人声称，他们曾经被来自其他星球的奇怪生物绑架过。

圣保罗州，1986年
巴西

包鲁，1947年
圣保罗州，巴西
有人称曾近距离接触走出不明飞行物的三名外星人。

📍 **塞勒姆上空的亮光**
1952年，这些亮光出现在了美国马萨诸塞州塞勒姆市的天空中。驻扎在附近的一名海岸警卫队员恰好将这些亮光拍了下来。

拉潘帕，1962年
阿根廷
卡车司机们曾目睹一个伴随着火焰升起的物体，在空中分成两部分后向不同的方向飞走了。

四束奇怪的亮光闪耀在天空中，没有人知道它们到底是什么，但有人把它们称为"飞碟"。

自1947年肯尼思·阿诺德在雷尼尔山上空见到九个碟形

你看到的到底是什么？

有些不明飞行物事件是可以解释的。例如，有的是不常见的或试验性的军用飞机，有的是闪电、行星或奇形怪状的云等自然现象，还有的则是卫星和无人机等人造飞行器。

军用飞机，例如隐形轰炸机，是绝密军事飞行器，因此公众可能不认识。

自然现象，例如金星或木星等明亮的行星，有时会被误认为不明飞行物。

低空无人机、卫星和高空气象探测气球等设施也经常被误认为不明飞行物。

荚状云在天空中形成椭圆的"飞碟"形状，这也可以用来解释一部分不明飞行物的目击事件。

伊斯坦布尔，2008年
土耳其

德黑兰，1976年
伊朗

戈勒克布尔，2015年
印度

坎普尔，2015年
印度
一名学生拍到了不明飞行物的照片。

河北省，1942年
中国

加尔各答，2007年
印度

达利涅戈尔斯克，1986年
俄罗斯
当地村民发现了一个红色的球状物撞在山坡上。从撞击现场收集到的残片经分析后被认定为非人造物。

杭州，2010年
中国
不明飞行物导致机场被迫关闭。

九州岛，1948年
日本
一名飞行员发现了一个雪茄形的不明飞行物。

博亚拿伊教区，1959年
巴布亚新几内亚
目击者们称，他们不仅看到了不明飞行物，还曾向上面的乘员挥手致意。

鲁瓦，1994年
津巴布韦
有62名儿童看到一个圆形的飞行器着陆，飞行器旁还站着一些身材矮小的生物。

塔那那利佛，1954年
马达加斯加

韦斯托尔学校，1966年
墨尔本，澳大利亚
数百人看到了不明飞行物降落后又再次起飞。

凯库拉，1978年
新西兰

拜特布里奇，1974年
津巴布韦
一对夫妇声称自己被外星人绑架了。

博福特堡，1972年
南非

德拉肯斯山脉，1954年
南非
一名妇女声称她曾与外星人取得了联系。

墨尔本市郊贝尔格雷夫，1993年
澳大利亚

图例

人们目击到的不明飞行物大多数是碟形的，偶尔也有雪茄形的。此外还发生过一些人类与外星生物相遇的目击事件。

 不明飞行物目击事件

 遇到外星生物的目击事件

不明飞行物之后，"飞碟"这个词便开始流行起来。

图例

这张地图显示了过去200年间在百慕大三角失踪的一些船舶和飞机，甚至有两名灯塔守卫也失踪了。

船舶　飞机　灯塔　● 首都　○ 大城市

查尔斯顿

萨凡纳

美国

佛罗里达

派珀PA-46-310P（马利布）公务机

该小型飞机于2007年在巴哈马群岛的雷暴天气中坠毁。

派珀PA-23（阿帕奇/阿兹特克）通用飞机

2005年，该架私人飞机遭遇恶劣天气，从此失踪。

欧洲直升机公司F01民用机

1965年，该飞机在飞往巴哈马的途中失踪。

道格拉斯空中霸王C54G-1-DO客机

1947年7月，这架飞机遭遇恶劣天气，坠入大海。

英国南美航空公司"星羚"号客机

1949年，英国南美航空公司的"星羚"号客机从百慕大前往牙买加金斯敦途中，消失在这片海域之中。

"科托帕希"号货船

1925年，该货船在从查尔斯顿前往哈瓦那的途中曾用无线电发出一次求救信号，称船正在下沉。之后，这艘船就再无任何消息了。

迈阿密

"野猫"号军舰

1824年，该舰在航行至古巴和迈阿密之间的海域时，连同舰上的31名船员在大风中失踪。

基韦斯特

大艾萨克珊瑚礁灯塔

在1969年的一场飓风中，两名灯塔守卫失踪。

巴哈马群岛

美国空军C-119"飞行车厢"运输机

1965年6月，该飞机没有抵达目的地大特克岛，从此被宣布失踪。

三菱MU-2B-40通用飞机

2017年5月，这架载有三名乘客的私人飞机与空中交通管制中心失去联系。不久，飞机残骸被找到。

道格拉斯DC-3 NC16002客机

1948年，这架由波多黎各圣胡安飞往迈阿密的飞机失踪

哈瓦那

古巴

"硫黄女王"号货船

1963年，满载液体硫黄的"硫黄女王"号货船从得克萨斯州的博蒙特前往弗吉尼亚州的诺福克，在百慕大三角海域失踪。

牙买加

金斯敦

神秘消失

1945年，美国第19飞行队的神秘消失是在百慕大三角发生的重要失踪事件之一。时至今日，这五架美国海军飞机及其机组人员杳无踪迹。这次事件更增加了百慕大三角的知名度。

百慕大三角海域面积

百慕大群岛

英国南美航空公司"星虎"号客机
1948年1月，"星虎"号在从亚速尔群岛前往百慕大的长途飞行（3220千米）中消失得无影无踪。

PBM"水手"号水上巡逻机
1945年12月，这架被派去执行搜救美国第19飞行队任务的水上飞机同样一去不复返。

"卡罗尔·迪林"号货船
1921年，这艘大型帆船被发现时，其船员全部神秘消失了。究其原因，是叛乱、海盗，还是恶劣天气？无人知晓。

"独眼巨人"号军舰
1918年，这艘大型的补给军舰连同船上的300多人一起失踪。

特克斯和
凯科斯群岛（英）——大特克岛（英）

"灯塔"号货船
2015年10月1日，"灯塔"号货船遭遇飓风，失事沉没。货船上的33名船员无一生还。

第19飞行队
1945年12月5日，五架"复仇者"号飞机在百慕大三角海域失踪。人们认为这是飞行领队迷失方向所致。

海地　多米尼加

太子港　圣多明各

圣胡安
波多黎各（美）

谣言的诞生

表面上看，确实有许多飞机和船只在此地失踪，但真的是这片海域比其他地方更加危险吗？下面列举几种导致谣言产生的原因。

这是一片繁忙的海域。大量的游艇、私人飞机、商用飞机、货船经过这一片区域。

这片海域非常深，找到失事飞机或船只残骸很难，彻底查明失事原因更是难上加难。这些因素也增加了它的神秘感。

每年6～11月，飓风和热带风暴都会给该地区带来十分恶劣的天气。

百慕大三角

百慕大三角是指美国佛罗里达州的迈阿密、百慕大群岛与波多黎各的圣胡安三点连线形成的三角形海区。许多飞机、船只等在此海域神秘失踪，且不留任何痕迹。原因是什么？这片海域是否有神秘力量在作怪呢？

约为130万平方千米。

林肯墓
伊利诺伊州，美国
这位美国前总统头像的鼻子被摸得锃亮，原因是大家认为摸到它就会有好运气。

巧言石
科克郡，爱尔兰

特雷维喷泉（许愿池）
罗马，意大利
据说，向喷泉池中投入硬币的旅客必将再度来到罗马。喷泉池中的钱币均被捐给了慈善机构。

接吻巷
瓜纳华托，墨西哥
据说站在这条小巷的第三个台阶上亲吻的恋人，可以得到15年的幸福。

莱奥·科普雕像
波哥大，哥伦比亚
据说，对着这位商人墓旁的雕像耳语一番，就可以解决经济问题。

拴日石
马丘比丘古城，秘鲁
据说，这块位于印加城遗迹最高处的石头能够给触摸它的人带来正能量。

巫术市场
洛美，多哥
这座世界上最大的伏都教市场出售巫医们用来治病的灵符。

幸运地标

这些被视为地标的雕塑和石头，被人们当作现实生活中的幸运符。无论是当地人还是游客，都会前来祈求好运、健康、财富或爱情。关于这些地标的一些传说，有的来源于人们根深蒂固的信仰，而有的则只是令人们心情愉悦的玩笑。

亲吻巧言石
若想通过亲吻巧言石，祈祷自己变得能言善辩，讲话滔滔不绝，你必须采取仰身后倾的姿势，头部穿过爱尔兰科克郡布拉尼城堡墙上的洞口。这比人们过去采取的身体前倾、脚踝悬在洞口边缘的姿势要安全得多。

悉尼的伯尔柴里诺铜像只是全球几十件复制品中的一件。

爱之桥
弗尔尼亚奇卡矿泉镇，塞尔维亚

爱之桥
传说，第一次世界大战期间，一名塞尔维亚士兵爱上了一位希腊女孩，他在家乡的未婚妻却因此伤心而亡。塞尔维亚当地的女孩为了避免她的这种命运，就将自己和爱人的名字刻在锁上，将锁锁在这名士兵和未婚妻在弗尔尼亚奇卡矿泉镇相遇的这座桥上，并把钥匙扔进河中。

哭泣柱
伊斯坦布尔，土耳其
你将拇指放在柱中的孔里，如果手指变湿润了，你的愿望就会实现。

普贤菩萨像
峨眉山，中国
传说，触摸一下这个如同真象大小的普贤菩萨坐骑六牙白象的后部，可以给人带来好运气。

浅草寺
东京，日本
传说，这座寺庙香火产生的烟雾有治愈疾病的力量。如果将头埋在烟雾中，人能变得更聪明。

弥勒佛
杭州，中国
摸一摸弥勒佛塑像的肚子能带来好运，这一传统祈福方式始于中国杭州的灵隐寺。

许愿桥
特拉维夫－雅法，以色列

费罗斯沙克特拉堡
新德里，印度
信徒们通过祈祷并将祈求语钉在这座城堡的墙上，向精灵（超自然生物）寻求帮助。

许愿桥
这座位于以色列特拉维夫－雅法的许愿桥，其桥栏杆上有黄道十二宫星座的铜标。虽然这座桥的历史并不悠久，但是"摸着自己星座的铜标，面向大海，许下自己的愿望"的传说却十分古老。

伯尔柴里诺（野猪喷泉）
悉尼，澳大利亚
摸一摸伯尔柴里诺的鼻子（已经被摸得十分光亮）并向它所在的喷泉池中投下一枚硬币，这头青铜野猪就会给你带来好运。

原雕像在意大利佛罗伦萨，是17世纪雕塑和铸造的。

西北太平洋树章鱼
华盛顿州，美国
一个骗子在1998年建立了一个网站，声称致力于拯救一种生活在树上而不是海洋中的"濒危"章鱼。

加的夫巨人
纽约州，美国
一个商人让人雕刻了一具3米多高的"石化人"，并将它埋藏起来。1869年，它被当作化石"发掘"了出来。

皮埃尔·布拉索
哥德堡，瑞典
1964年，一位名叫皮埃尔·布拉索的不知名画家的画作在瑞典哥德堡的某艺术展上展出并获得好评。最终人们发现这位画家原来是一只黑猩猩。

大脚怪的脚印
加利福尼亚州，美国
有人搞了一个恶作剧——使用木质模型在地上印出一些巨大的脚印。这些脚印被人们认为是"大脚怪"留下的。

出售埃菲尔铁塔
巴黎，法国
大骗子维克多·勒斯蒂格编造了埃菲尔铁塔将要出售的谎言，并成功地说服了几位商人"购买"它。

莫里斯敦的不明飞行物
新泽西州，美国
2009年报道的莫里斯敦上空的不明飞行物，实际上是有人用氢气球和闪光灯制作而成的。

卡拉韦拉斯头骨
加利福尼亚州，美国
这个头骨最初被认为是数百万年前的人类头骨。然而，事实证明这只是一个恶作剧。该头骨的历史仅有1000年左右。

解剖外星人
内华达州51区，美国
1995年，英国一家电视台发布了医生解剖外星人的模糊影像。后来发现，这部录像片的内容是伪造的。

神像
巴西
一位探险家得到了一个古代雕像，有人告诉他这是一尊神像。他相信神像可以帮助他找到消失的古城。然而，他进入森林深处寻找古城就再也没有回来。

滑稽的骗局

一些夸张的故事听起来过于离奇而让人难以置信，但有时这样的故事最终被证明是真实的。一些编造的故事和笑话——其中很多是在4月1日（许多国家将这一天称为愚人节）发布的——甚至骗过了专家。

巴塔哥尼亚巨人
巴塔哥尼亚地区，南美洲
18世纪时，有传言说巴塔哥尼亚地区有3.5米高的巨人。然而现实中最高的人的吉尼斯世界纪录为2.72米。

麦田怪圈
许多人认为农田里这种奇怪的图案是不明飞行物的杰作。这是真的吗？

📍 图中的麦田怪圈发现于**英国威尔特郡**，是麦田怪圈恶作剧制造者道格·鲍尔和戴维·乔利制作的众多麦田怪圈之一。

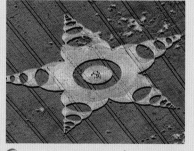

📍 图中的麦田怪圈发现于**德国费尔德莫兴**。世界各地的麦田怪圈不仅越来越多，图案也越来越复杂。

1842年，一条"美人鱼"在美国展出。事实上，

科廷利精灵仙女

1917年，在英国科廷利镇有人拍摄的五张照片中出现了精灵仙女。当时很多人都认为照片中的精灵仙女是真的。直到20世纪80年代，这几张照片的创作者之一承认精灵仙女其实只是剪纸。

皮尔当人

1912年，人们在英国皮尔当发现了头骨以及颌骨的碎片，专家们认为这些碎片属于一种新型的早期人类。然而，最终这被证实是一场骗局。

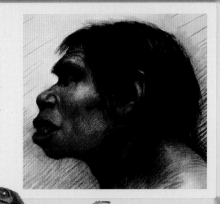

意大利面树
提契诺州，瑞士
1957年4月1日的愚人节，英国广播公司播放了一部人们从树上收割意大利面的恶搞纪录片。

中国长城要被拆除
中国
1899年，四名美国记者共同杜撰了一篇报道，称中国长城将要被拆除，并将该新闻分别刊登在几家报纸上。

古盗鸟化石事件
中国
1999年，一块走私到美国的古盗鸟化石在当地引起轰动。然而，经科学家研究，这块化石并不是真的，而是由几块不同的动物化石拼接而成的。

早在**1392**年，愚人节（4月1日）就和搞**恶作剧**联系在了一起。

鼠皮大衣
约翰内斯堡，南非
一家报纸报道说，毛皮商正在用老鼠皮制作皮草大衣。值得注意的是，该报道刊登的时间是1980年4月1日。

掉掉熊
澳大利亚
传说，澳大利亚森林中有一种可怕的类似于考拉的动物，经常会从树上掉到游客身上。然而，这只是专门编造给游客听的故事。

它是用猴子的身体与大鱼的尾部缝合而成的。

以马忤斯的晚餐
鹿特丹，荷兰
著名的伪画制造者汉·凡·米格伦曾将自己的一幅伪造品称作是荷兰文艺复兴大师约翰内斯·维米尔的作品。这幅伪作被鹿特丹的一家画廊以600万美元的价格买下。

阿富汗猎犬艺术家
艾奥瓦州，美国
在1974年的一次艺术比赛中，评委们被他们选出来的一等奖作品震惊了。因为它的创作者原来是一只六岁的阿富汗猎犬！

布拉希尔岛
爱尔兰
据传说，有一座整日云雾缭绕的岛屿叫作"布拉希尔"。岛上居住着魔法师与仙女。历史上曾有许多探险队去寻找这座事实上并不存在的岛屿。

比萨斜塔
比萨，意大利
比萨斜塔并不是故意被设计成倾斜的。该塔在1173年动工修建时是垂直的，直到1178年才开始倾斜。究其原因是塔的地基为较松软的土层。当地基发生沉降时，塔就开始倾斜了。

"泰坦尼克"号的沉没
北大西洋
英国皇家邮轮"泰坦尼克"号打造之初，大家都认为这是一艘永不沉没的巨轮。1912年，当这艘承载着2000多名乘客与船员的巨轮起航时，船上只有20艘救生艇。不久，"泰坦尼克"号撞上冰山沉没，致使1500人丧生。

哥伦布发现新大陆
多米尼加
1492年，探险家克里斯托弗·哥伦布从西班牙出发，寻找前往印度的新航线。结果他在伊斯帕尼奥拉岛（海地岛）登陆，意外地发现了北美大陆。

亚达伯拉象龟
加拉帕戈斯群岛（科隆群岛）
1835年，英国博物学家查尔斯·达尔文从加拉帕戈斯群岛起航时，随船携带了许多亚达伯拉象龟。然而，他携带巨龟的目的并不是为了科学研究，而是将它们作为食物。后来，达尔文意识到这些动物对于他的进化论有多么重要。

世界大战
1938年，赫伯特·乔治·威尔斯的科幻小说《世界大战》被奥逊·威尔斯改编成同名广播剧播出。由于该广播剧的演绎非常逼真，以至于部分美国民众认为真的发生了火星人入侵地球的事件。

与冰山相撞之后，仅仅经过了2小时40分钟，这艘号称

聪明的汉斯

驯马师威廉·冯·奥斯滕声称已经教会了一匹名叫汉斯的马解答数学题。然而，人们在1907年调查研究后发现，汉斯给出的答案是受到奥斯滕肢体语言等方面的暗示而做出的反应。

哥伦布之所以将**伊斯帕尼奥拉岛**上的原住民称为**"印第安人"**，是因为**他误以为自己抵达了印度。**

世界上最大的乌龟
伊势岛，日本
2012年，互联网上流传着这样一件事情，即有人发现了一只体长达18米、寿命为529岁的巨龟。然而，事实证明，这只巨龟只是电影《小勇者们加美拉》的一个道具而已。

渡渡鸟
毛里求斯岛，印度洋
17世纪，逗留毛里求斯岛的欧洲海员经常猎杀渡渡鸟。同时，随船而来的老鼠以及其他外来动物不仅把渡渡鸟的蛋作为食物，同时还与它们争夺其他食物资源。渡渡鸟因此灭绝，从地球上永远地消失了。

意料之外

人类历史中存在着许多误会，例如有人将广播剧中的情节当成了真实事件，有人认为鸭嘴兽并不是真实存在的动物，等等。有时即便专家也会失误。

鸭嘴兽
澳大利亚
1799年，伦敦自然历史博物馆收到一件奇怪的标本。最初，他们认为这件标本一定是某人搞的恶作剧，然而最终发现它确实是鸭嘴兽的标本。

"永不沉没"的"泰坦尼克"号巨轮就沉入了海底。

倒立屋

倒着的房子
在德国比斯平根，有一栋颠倒的单层房屋，屋里所有的物品也都是倒置的。如果将你在室内的自拍照旋转180度，照片中的你就好像倒立在天花板上一样。

谷歌数据中心
康瑟尔布拉夫斯, 艾奥瓦州, 美国
虽然为谷歌搜索引擎提供动力的庞大的数据中心的建筑能够从谷歌地球上看到, 但这里禁止外人参观。

美国联邦储备体系金库
诺克斯堡, 肯塔基州, 美国

叙尔特塞岛
冰岛
叙尔特塞岛是1963年火山爆发后形成的一个小岛, 一直保持着无人涉足的原始环境。

51区
内华达州, 美国
这个戒备森严的美国空军基地可能是飞行器开发和测试的地方。

拉斯科洞窟
蒙蒂尼亚克, 法国
为保护史前洞窟中的壁画, 自1955年开始, 这些洞窟不再向公众开放。

可口可乐配方保险库
亚特兰大, 佐治亚州, 美国
可口可乐的秘密配方就锁在这里的一个保险柜中。

尼豪岛
夏威夷州, 美国
自1864年起, 这个"禁岛"开始归一个大家族所有。该家族通过只限制外人登岛的方式保留了尼豪岛原住民的生活方式。

部落区
巴西
在亚马孙热带雨林深处有许多原始部落。这些部落一直保持着与世隔绝的状态。

禁区

世界上有很多地方都属于禁区。
有些地方是人们根本不想去的,
而有些拥有秘密的地方则被其所
有者或当地居民严密地保护着。

美国联邦储备体系金库

在诺克斯堡美国陆军基地的一个壁垒森严的金库中储存着约1.47亿盎司(1盎司=28.35克)的金条。1933年, 美国政府收购了全国所有的黄金之后, 这里便成为重要的储存地。

1925年故宫开始对外开放。在此之前, 任何人都不能私自

全球种子库
斯瓦尔巴群岛，挪威
位于北极地区一座山体深处
的种子库，保存着4000多种
不同植物的种子。

莫斯科地铁2号线
莫斯科，俄罗斯
冷战时期，苏联政府修建了一个与莫斯
科公共地铁并行的地铁系统，作为克里
姆林宫备用的疏散通道。

第40号城市
奥焦尔斯克，俄罗斯

第40号城市

自1946年建成以后的几十年中，奥焦尔斯
克市——苏联核武器项目的诞生地，一直
没有出现在地图上。那些搬到该市从事原
子弹相关工作的人，被禁止
与家人联系，外界的人也被
禁止进入这座城市。

ГРЯЗНАЯ
ТЕРРИТОРИЯ
ПРОХОД
ЗАПРЕЩЁН

瘟疫岛
波维利亚岛，意大利
这座位于威尼斯潟湖的岛屿，曾是一个瘟疫
隔离站，后来被改造成了一家精神病院。

内盖夫核设施
以色列
该设施外的警告牌上写着以
色列最严厉的保密禁令，
即"任何时间"均禁止入
内。

伊势神宫
日本
伊势神宫的外宫和内宫共有125
个神社，其最神圣的神社是禁止游
客参观的。

骷髅岛
所罗门群岛
在这座曾经居住着食人族的
岛屿上，成堆的人类头骨可
能会让游客们望而却步。

锡安圣马利亚教堂
阿克苏姆，埃塞俄比亚
这座教堂内存放着神秘
约柜，只有守护它的
走才能够看到。

墨脱县
西藏，中国
2013年之前，中国尚未在
此修建公路隧道，人们只
能徒步进出这个与世隔
绝的山区。

北森蒂纳尔岛
安达曼群岛
岛上的原住民用长矛、弓
箭来对付接近岛屿的人。

美国海军后勤支援基地
迪戈加西亚环礁
这个具有争议的英属领
地上有一个美军基地。
有传言称，这个基地中
有一座秘密监狱。

赫德岛和麦克唐纳群岛
南大洋
没有人在这些偏远且寒冷的
火山岛上定居，只有科学家
们去那里进行科学考察。

松树谷联合防御设施
艾丽斯斯普林斯，澳大利亚
这个美国和澳大利亚联合修建的秘密基地，可以
为两国提供弹道导弹发射预警。基地的计算机房
面积与墨尔本板球场的面积相当。

英国伦敦

2015年，伦敦接待的外国游客量近2000万人次，是欧洲最繁忙的旅游城市，也是世界第二大旅游城市。

最受青睐的主题公园

2016年，位于美国佛罗里达州奥兰多迪士尼世界的"神奇王国"主题公园被评为年度游客量最大的主题公园。当年的游客数量多达2040万人次。该公园已连续10年获此殊荣！

北美洲

法国

2015年前往法国旅游的外国游客量近8450万人次，这让法国成为世界第一大旅游国。

美国

2015年约有7750万游客到美国旅游，包括阿拉斯加和夏威夷。这使美国成为北美洲最受青睐的旅游目的地。

法属圭亚那

这片法国的海外领地是南美洲游客量最少的地方。2015年的游客量为19.9万人次。

多米尼加

这个位于加勒比海地区的岛国是北美洲外国游客最少的国家，游客量约为7.4万人次（2015年）。

南美洲

摩洛哥

摩洛哥的游客量比非洲其他任何一个国家都多，2015年约为1010万人次。

度假热点地区

巴西

2015年巴西的游客数量约为630万人次，比其他任何一个南美洲国家都多。

据联合国世界旅游组织统计数据显示，2015年全球国际旅游人数达到11.8亿人次。许多国际旅游热点城市吸引着来自世界各地的大量游客。然而，还有一些国家和地区，尤其是经济欠发达地区的入境旅游人数相对较少。

虽然梵蒂冈的常住人口数量只有800人，但

圣马力诺
这个小国的外国游客量是欧洲所有国家中最少的（2015年为5.4万人次）。

欧 洲

亚 洲

中国
2015年到中国内地旅游的外国游客量为2598.54万人次。中国是亚洲第一大旅游国。

非 洲

泰国曼谷
曼谷是2015年全球游客量最多的城市，接待游客超过2100万人次。

大 洋 洲

澳大利亚
澳大利亚是大洋洲主要的旅游地，2015年游客量约为740万人次。

赤道几内亚
赤道几内亚是非洲最不受青睐的旅游地，2015年游客量仅有5748人次。

📍 消费最高的城市

瑞士苏黎世是世界上旅游消费最高的城市。游客们在苏黎世的住宿、餐饮、交通、娱乐等消费平均每人每天为170英镑。美国纽约是世界上第二贵的城市，平均每人每天消费157英镑。

梵蒂冈每年接待的游客量超过了900万人次。

鹅溪塔
阿拉斯加州，美国
当地人把这座小木屋称作"瑟斯博士之家"。经过多年的修建，它已增建了许多层，高度达56米。

明日之屋
伊利诺伊州，美国
这种飞碟样式的塑料房屋设计于1968年，如今仍有近百座分布在世界各地。

立体方块屋
鹿特丹，荷兰
每一个方块屋代表一棵树，整个方块屋组合在一起代表一片森林。

石头屋
法菲，葡萄牙
这栋房屋是由四块花岗岩巨石建造而成的。屋内没有电，但配有游泳池。

公共汽车屋
加利福尼亚州，美国
这座公共汽车候车亭的设计看起来像由一辆公共汽车变形而成的房子。它象征着归家之旅。

皇家安大略博物馆
多伦多，加拿大
博物馆新附属建筑——水晶宫的设计灵感来自馆内收藏的水晶。

陶房子
博亚卡省，哥伦比亚
这座完全由黏土建造的房子，可称得上是世界最大的陶器。

令人惊叹的建筑

无论是因其醒目的外观设计还是非常规的材料运用，这些建筑都能在街道上的众多建筑中脱颖而出。有些建筑的位置十分奇特，周围连一条能陪衬它的街道都没有。

萨尔宫殿酒店
乌尤尼，玻利维亚

瓶子屋
伊瓜苏港，阿根廷
这座房子的墙壁是用1200个塑料瓶垒成的。

悬空房
瓦尔帕莱索，智利
这是一座突出在悬崖边上的房子。房子的下方有一条铁路通过。

萨尔宫殿酒店
这家酒店位于玻利维亚广阔的乌尤尼盐沼边缘。整个酒店，甚至连酒店内的家具，都是用盐造的。酒店有明文禁令，即不许游客舔墙。

西班牙巴塞罗那精雕细刻的圣家族

冰雪酒店
尤卡斯耶尔维，瑞典

卡茨基石柱教堂
伊梅列季州，格鲁吉亚
这座位于40米高的石灰岩柱上的教堂仅有一位神职人员。

火山岩洞（蜂房）
坎多万，伊朗
这个村庄的居民在火山岩上开凿洞穴，将其改造成了房屋。

石头宫
萨那，也门
座建在岩石之上宫殿曾是皇家的昌胜地。

毛里求斯商业银行
伊本，毛里求斯
这座由四根柱子作为支撑的椭圆形办公大楼，因环保而获得生态友好奖。

博斯杰斯小教堂
维岑堡，南非
这座教堂的屋顶呈起伏状，设计师的创作灵感源自《圣经》中的一句话："世人都在你的翅膀下寻求荫庇。"

悬空寺
恒山，中国
传说，这座悬于山崖峭壁间的寺庙，有40多间房屋，由僧人始建于1500年前。

高过庵
茅野，日本
这座建筑名字的含义是"高空中的茶室"。它建在两棵栗树的顶端，游客需要爬上梯子才能进入茶室。

蟠龙寺
三帕兰，泰国
这座寺庙共17层，外立面被一条"巨龙"缠绕着。

奥比斯公寓
墨尔本，澳大利亚
这座公寓大楼正面，看上去就像从巨大的金属球体中雕刻出来的。

绿树教堂
奥豪波，新西兰
这座可容纳近百人的"生机勃勃的教堂"，完全由自然生长的树木围成。

冰雪酒店

冰雪酒店是一座完全由冰建成的房子，每年冬天都会重建。第一批在此过夜的房客来自瑞典军队的一支小分队。

正从居民楼中穿过的列车

有些居住在楼上的居民不用走太远就能坐上列车去上班或者上学！这个情景发生在中国拥挤的大城市重庆，一条轻轨从一栋高19层的居民楼中间穿过，车站设在居民楼的六至八层之间。

大教堂始建于1882年，至今尚未完工。

犬吠公园旅馆
爱达荷州，美国
这个高10米的木制小猎犬，名叫斯威特·威利，实际上它是一座旅馆。它的体内和头部设有很多间客房。

篮子大楼
俄亥俄州，美国
这里曾经是一家生产篮子和其他家居用品的公司总部。不过，后来他们将办公室迁走了。

汽车之家
萨尔茨堡，奥地利
虽然该建筑是小汽车的外形，但它不能像小汽车一样移动。它是一座生态建筑，十分节能。

堪萨斯市公共图书馆
密苏里州，美国
经当地居民推荐，共22本具有影响力的图书被选为图书馆南墙外立面的装饰。

鹦鹉螺之家
瑙卡尔潘－德华雷斯，墨西哥
这座房子没有一根直的线条，它像鹦鹉螺外壳一样呈螺旋状。

造型怪异的水塔
只注重实用性设计的高大的水塔，往往成为有煞当地风景的东西。然而，外形上的一点创意就有可能使它们变为地标性建筑。例如，比利时比尔贝克的这座地球仪外形的水塔。

鲸鱼教堂
贝洛奥里藏特，巴西
踏入由混凝土制成的鲸鱼嘴巴就进入了教堂。

大象屋
拉各斯，尼日利亚
这座房子的屋顶，被设计成了地球上现存最大的陆栖哺乳动物的外形。

鱼形直升机
伯格维尔，南非
西布西索·莫西里在17岁的时候就想建造一架飞机。如今，已经成年的他就住在自己用汽车废金属制作的"鱼形直升机"房子里。

在美国，想取得
建筑师资格，一般需要
12年的时间。

2016年，美国新泽西州某屋顶上的锡质大象

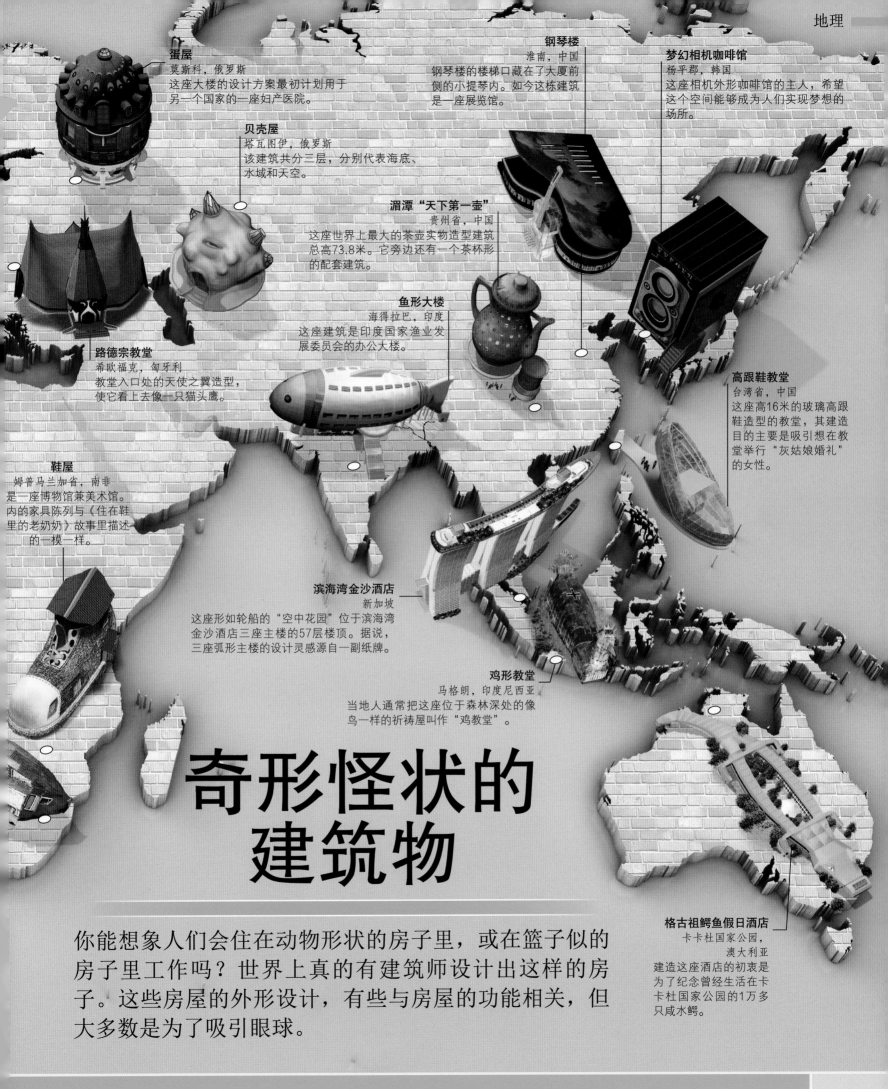

蛋屋
莫斯科，俄罗斯
这座大楼的设计方案最初计划用于另一个国家的一座妇产医院。

钢琴楼
淮南，中国
钢琴楼的楼梯口藏在了大厦前侧的小提琴内。如今这栋建筑是一座展览馆。

梦幻相机咖啡馆
杨平郡，韩国
这座相机外形咖啡馆的主人，希望这个空间能够成为人们实现梦想的场所。

贝壳屋
塔瓦图伊，俄罗斯
该建筑共分三层，分别代表海底、水域和天空。

湄潭"天下第一壶"
贵州省，中国
这座世界上最大的茶壶实物造型建筑总高73.8米。它旁边还有一个茶杯形的配套建筑。

鱼形大楼
海得拉巴，印度
这座建筑是印度国家渔业发展委员会的办公大楼。

路德宗教堂
希欧福克，匈牙利
教堂入口处的天使之翼造型，使它看上去像一只猫头鹰。

高跟鞋教堂
台湾省，中国
这座高16米的玻璃高跟鞋造型的教堂，其建造目的主要是吸引想在教堂举行"灰姑娘婚礼"的女性。

鞋屋
姆普马兰加省，南非
是一座博物馆兼美术馆。内的家具陈列与《住在鞋里的老奶奶》故事里描述的一模一样。

滨海湾金沙酒店
新加坡
这座形如轮船的"空中花园"位于滨海湾金沙酒店三座主楼的57层楼顶。据说，三座弧形主楼的设计灵感源自一副纸牌。

鸡形教堂
马格朗，印度尼西亚
当地人通常把这座位于森林深处的像鸟一样的祈祷屋叫作"鸡教堂"。

奇形怪状的建筑物

格古祖鳄鱼假日酒店
卡卡杜国家公园，澳大利亚
建造这座酒店的初衷是为了纪念曾经生活在卡卡杜国家公园的1万多只咸水鳄。

你能想象人们会住在动物形状的房子里，或在篮子似的房子里工作吗？世界上真的有建筑师设计出这样的房子。这些房屋的外形设计，有些与房屋的功能相关，但大多数是为了吸引眼球。

"露西"以非官方的形式被选举为美国总统。

冰川天空步道
贾斯珀国家公园，加拿大
游客登上这条栈道，需要有足够的胆量才行。因为游客需要在悬空的玻璃栈道上行走，观看下面的冰川。

斯多塞海峡大桥
埃德和阿沃尔岛，挪威

折叠滚桥
伦敦，英国
这座桥像犰狳一样，可以展开成一座直桥，也可以折叠成球状。

野生动物通道桥
班夫国家公园，加拿大
这座桥为土狼、熊和鹿等动物横穿高速公路设置了专用通道。

斯劳尔霍夫桥
吕伐登，荷兰
当船只经过时，河道上方的这段路面可以被抬升到空中。

日晷桥
加利福尼亚州，美国
这座桥的桥塔就像一个巨大的日晷指针。

滑索桥
里奥内格罗河谷，哥伦比亚
这座滑索桥是当地孩子们上学必经的一处不同寻常的且十分危险的路段。他们需要在河面上方滑行约400米，时速高达64千米。

树冠步道
卡库姆国家公园，加纳
公园内一段离地面三四十米高的树冠步道，是一座悬吊在林间的雨林吊桥。

千姿百态的桥

多年来，建造者们修筑了各式各样的、高低不一的桥梁。这里介绍了一些世界上最引人注目的桥梁——从令人惊叹的工程壮举，到用绳子绑在一起嘎吱作响的渡桥。

奥利韦尔桥
圣保罗，巴西
这座桥的两座桥塔在圣保罗市上空相互交叉，形成了一个巨大的"X"。

拉古纳加尔松桥
马尔多纳多省，乌拉圭
在这座潟湖上的环形桥上行驶，驾驶员们不得不降低车速。

已有400多年历史的巴黎"新桥"

绝路桥

从某个角度看，世界上有些桥看上去似乎不通向任何地方——如果司机们再往前开，好像就要从桥上掉下去。还有的桥，由于坡度太大，让人觉得汽车根本无法从如此陡峭的桥面上通过。

⊙ 挪威斯多塞海峡大桥
当人们驾车沿该桥向北行驶时，会感觉桥面突然在半空中断掉了。

⊙ 日本江岛大桥
从图中的角度来看，这座桥看上去像过山车一样，比实际的桥面陡峭得多。

希望之半桥
卡卢加州，俄罗斯
这是一座伸向山谷的木制楔形桥，然而中断了！
其实它是一件艺术品，而不是一座真正的桥。

沙哈拉石桥
沙哈拉，也门
早在17世纪时，这座石桥就连通了深谷两侧的山脉。

天津之眼
天津，中国
桥上方的摩天轮需要30分钟才能旋转一周。

半坡大桥
首尔，韩国
这座大桥每天有两次壮观的喷泉表演。随着音乐响起，七彩水柱会从桥两侧喷出。

螃蟹桥
圣诞岛，基里巴斯
这座桥是专为生活在岛上的红蟹而修建的。它能帮助岛上的螃蟹安全通过公路。

中国结步行桥
长沙，中国
这座构造独特的桥梁，其设计灵感源于莫比乌斯带与中国结。莫比乌斯带是一种没有头尾的曲面结构。中国结则是一种吉祥的象征。

5号国道
马达加斯加
这条国道上有许多座摇摇欲坠的大桥。在打算冒险通过之前，司机们一定要仔细检查每一座桥梁。

龙桥
岘港，越南
每到周六和周日的夜晚，桥上的巨龙都进行喷火和喷水表演。

实际上是法国巴黎最古老的桥梁。

烟山
巴瑟斯特角，西北
地区，加拿大

瀑布下的"永恒之火"
纽约州，美国
据传，这里的火焰是美洲原
住民点燃的。火焰位于页岩
溪瀑布后面的洞穴中。

燃烧之山
萨尔兰州，德国
无人知晓这场煤火是如何开始
燃烧的，但它自1688年起至今
从未熄灭。

老伏尔甘煤矿
科罗拉多州，美国
这座煤矿的大火源自1896年的
一次爆炸，之后火势一直在蔓
延，从未熄灭。

森特勒利亚
宾夕法尼亚州，美国
1962年5月，这里的煤层因燃烧垃圾
而被点燃。有人认为，这里的地火
还将持续燃烧250年。

不灭之火

无论是故意纵火，还是意外失火，抑
或是非同寻常的自然现象，大量的火
灾事故在世界各地不断地发生着。那
些由煤炭或天然气引发的火灾，一旦
燃烧，就无法熄灭。

烟山
加拿大巴瑟斯特角附近的多岩石
海岸与山体中蕴藏着大量富含硫
的煤炭资源。这种煤又称作褐
煤，暴露在空气中时可能会发生
自燃。

专家认为，印度切里亚煤田的

燃烧的岩石

安塔利亚，土耳其
这是岩石释放的甲烷气体燃烧产生的火焰，时至今日至少燃烧了2000年。

"地狱之门"

达瓦扎，土库曼斯坦
1971年，地质学家们点燃了这个天然气坑。从此，这里的火焰从未熄灭过。

中国的地下煤火

中国是世界上最大的煤炭生产国和消费国。中国也被认为是世界上地下煤田自燃灾害最严重的国家之一。

贾瓦拉穆基神庙的不灭之火

喜马偕尔邦，印度
相传，这团源自庙内一块岩石中的不灭火焰是女神瓦拉吉的化身。

切里亚煤田

恰尔肯德邦，印度
1916年，印度最大的煤田发生了第一次火灾。至今，约70个火点仍在燃烧。

水火洞

台南市，中国
1701年，一位僧人发现了此处的火焰。火焰是因地下天然气从泉水中冒出，接触到空气后发生了自燃而形成的。

巴巴古尔古尔

伊拉克
这处地火位于巴巴古尔古尔大油田的中央位置，已经燃烧了约2500年。

玛拉荷尼煤矿

南非
一座废弃煤矿的大火已经持续燃烧了100余年。

永恒的火焰

爪哇岛，印度尼西亚
在爪哇文化中，这种火焰一直被看作神圣之火。它实际上是因地下天然气外泄至地表而燃烧起来的，至少从15世纪开始就已经在燃烧了。

火焰山

新南威尔士州温根山，澳大利亚
据说，这里的火焰已经燃烧了至少6000年，是世界上迄今燃烧时间最长的地火。

默奇森

塔斯曼山，新西兰
这里的火是在20世纪20年代被狩猎的猎人点燃的，燃料就是从地面裂缝排放出的天然气。

火焰山的火以每年1米的速度向南蔓延。

煤能让大火继续燃烧3800年。

绿湖

每年春天，附近山脉的冰雪融水逐渐淹没了这座奥地利的公园——从公园长椅到所有的树木，都消失在水下。过去，潜水爱好者还能在翠绿的湖中畅游，但现在已被禁止。

塞夫汀厄
荷兰

在1584年以前，这座小镇一直有人居住。当地传说，海之所以会吞没这座小镇，是因为当时一个渔民拒绝释放他捕获的美人鱼。

邓尼奇
萨福克郡，英国

这座在中世纪时期十分重要的小镇，大部分已经随着被侵蚀的海岸而消失了。

老巴勒特镇
田纳西州，美国

这座被称作"不会淹没的小镇"于1948年搬迁到了高处，旧址已淹没在沃托加湖的湖底。

肯尼特
加利福尼亚州，美国

当1935年一座蓄水大坝开始修建时，这个曾经十分繁荣的矿业小镇很快就被水淹没了。

消失的村庄
安大略省，加拿大

加拿大有一座纪念馆，是专为纪念九座被淹没的村庄而修建的。

绿湖
奥地利

维拉里尼奥·达弗纳
葡萄牙

1972年，这个小村庄被淹没在一座水库之下。在此之前，村里住着300名居民。

普伦蒂斯
密西西比州，美国

19世纪70年代，这座在美国内战中被摧毁的小镇又被强大的密西西比河淹没了。

水底之城
古巴

2001年，一些石质结构的建筑遗迹发现于古巴海域的海底中。有人认为，这里曾是早期文明的一个定居点。

梅迪亚诺
西班牙

1974年，西班牙梅迪亚诺镇整个淹没于水库之中，但即使在水库的水最满的时候，镇上一座教堂的顶仍能露出水面。

圣地亚哥神殿
墨西哥

在旱季，这座建于16世纪的教堂废墟就会浮出水面。

波托西
委内瑞拉

2010年，被水库蓄水淹没了近30年的一个小镇又重新浮出了水面。

皇家港口
牙买加

这个著名的海盗和私掠船的家园，在经历了一系列自然灾害之后，沉没于波涛之下。

巴亚
意大利

巴亚水下考古公园是世界上为数不多的水下考古公园之一。游客们可以在水下一睹古罗马时期的遗迹。

被水淹没的地方

你可能听说过亚特兰蒂斯的传说，但现实中确实有许多地方被水淹没了。当水位下降时，这些沉没于水中的建筑遗迹有时仍能浮出水面。

卡努杜斯
巴西

这座城市曾是巴西一场重要战争的战场，后来它的遗址淹没于一座新建的水库之中。

古代遗迹

秘鲁与玻利维亚交界处的的喀喀湖底有一处古代神庙遗迹，考古学家们认为它已有1500年的历史。

高耸的建筑

洪水无法淹没一些高大的建筑物。因此，当洪水淹没了村庄后，这些建筑物的塔楼或尖顶仍高耸在水面之上。

埃佩昆
阿根廷

1985年埃佩昆村被突如其来的洪水淹没，潟湖中的咸水很快将村中的建筑侵蚀掉了。

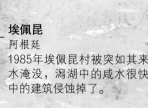

有人认为，著名的水下古城亚特兰蒂斯其实是

与那国岛

自1986年人们首次在日本与那国岛发现这个水下巨石结构以来，专家学者们对此意见不一。一些人认为这是来自古代文明的一座金字塔，而另一些人认为这只是一种天然的砂岩地貌。

卡利亚津
俄罗斯

法纳戈里亚
俄罗斯
这是俄罗斯境内最大的一座希腊古城遗迹，其三分之一已经被海水淹没。

伊利姆斯克
俄罗斯
在这个村庄被水淹没之前，一些具有特殊考古价值的东西，如古木堡的门塔等，均被转移到了博物馆里。

石城
千岛湖，中国
这座被誉为"东方亚特兰蒂斯"的水下古城，至今仍保存得非常完好。

俄劳斯
克里特岛，希腊
它曾是2~5世纪时十分强大的城邦，有自己的国王和货币。

德瓦卡
肯帕德湾，印度
人们在这座古城的海底废墟中找到了许多珠子、陶器和雕塑。

亚特利特雅姆古村落
以色列
这个被洪水淹没的人类定居点，其历史居然可以追溯到9000年前。

与那国岛
日本

索尼斯·希拉克莱奥
埃及
人们曾经从这个已经沉入海底的古老贸易港口的废墟中发现一些巨大的雕像、石棺及其他珍宝。

大陆架2号站
苏丹
它是20世纪60年代设计建造的供人们水下生活和工作的"村落"。如今，这个试验性的人类栖息地只剩下了一片废墟，只有潜水员潜入海底才能看到。

罗斯卡利亚津村的其他地方都已经被水淹，只有高74米的卡利亚津钟楼仍然在水面上清晰可见。

罗马尼亚有一个叫作基马纳的村庄，洪水淹没这个村庄后形成了一个很深的湖泊。村里的教堂仍耸立在湖水深处。

阿达米纳比
澳大利亚
2007年，一次严重的旱灾让这座小镇重见天日。至此，这座小镇已在新形成的尤坎本湖底沉睡了50年。

哲学家柏拉图为自己的道德寓言而臆造的城市。

疯狂的迷宫

数千年来，人们曾创建了各种各样的迷宫，但他们建造迷宫的目的一直是一个谜。今天，我们仍然热衷于此，但只是为了好玩儿。

斯奈山半岛
冰岛

温巴迷宫
俄罗斯

坎达拉克沙
俄罗斯

特洛雅博格
哥得兰岛，瑞典
传说，这个迷宫是一位公主在被俘期间用一块块石头垒起来的。

奥兰群
芬兰

阿克谢罗姆
瑞典

斯多堡
瑞典

莱尔
丹麦

③ 约克
英国

圣科伦巴湾
（爱奥那岛）
英国

朱莉安闺房
英国

温草坪迷宫
英国

希尔顿
英国

好莱坞迷宫石
爱尔兰

① 萨夫伦沃尔登
英国

汉普顿宫
英国

路易斯堡
德国
这个天然岩石迷宫是以普鲁士女王路易斯的名字命名的。1790年，它被改造成了花园。

圣艾格尼丝岛
英国

亚眠
法国

罗基山谷
英国

莫戈尔
西班牙
这个刻在西班牙加利西亚境内岩石上的迷宫图案约有4000年的历史。

巴约
法国

② 沙特尔
法国

瓦尔卡莫尼卡
意大利

安德尔河畔雷尼亚克
法国
这里每年都会种植向日葵，修建向日葵迷宫。据称，它是世界上面积最大的向日葵迷宫。

奥尔塔迷宫花园
西班牙

卢西略
西班牙

摇篮山
西班牙

常湖
西班牙

布朗库堡
葡萄牙
这个巴洛克式的树篱迷宫是18世纪的一位主教为自己的主教宫修建的。

卢扎纳斯
撒丁岛，意大利
在撒丁岛的一个墓穴中发现了这个雕刻在岩石上的迷宫图。

草坪迷宫

将草坪修剪成迷宫是英格兰风景的一种点缀。建造这种迷宫的目的可能与异教徒的节日有关。

● 萨夫伦沃尔登
图中这个圆形草坪迷宫是世界上同类迷宫中最大的一个。它有17个回路，长约1.6千米。据说，迷宫中的白色小路已有800多年历史。

中世纪的迷宫

在中世纪，从非洲北部到欧洲的法国北部，许多教堂都会在甬道上修建迷宫。

● 沙特尔大教堂
在这座法国大教堂中走迷宫被许多教徒视为一种精神追求，甚至有些更加虔诚的教徒采用跪行的方式走迷宫。

玉米迷宫和冰雕迷宫

种植玉米的农民和冰雕制作者争相创作最惊人的迷宫。

虽然"LABYRINTH"（迷宫）一词源于古希腊，但世界上有

波修瓦扎耶茨基岛
俄罗斯

克鲁托亚尔
俄罗斯

古代迷宫

迷宫的故事自古有之。迷宫的英文"labyrinth"一词实际上源于古希腊语。

⑤ 克诺索斯

在希腊神话中，克里特国王米诺斯将半人半牛的怪兽弥诺陶洛斯困在一座迷宫里。后来，雅典英雄忒修斯进入迷宫杀死了怪兽，并借助爱慕他的阿里阿德涅公主给他的一个线团走出了迷宫。

世界迷宫地图

壮观的迷宫可不止欧洲有，世界其他地方也有很多。下图就是世界上其他一些最不同寻常的迷宫地图。

范度森植物园
温哥华，加拿大

"陆地的尽头"公园
圣弗朗西斯科（旧金山），美国

圆明园
北京，中国

① 菠萝花园迷宫
夏威夷，美国

② 纳斯卡线条
纳斯卡，秘鲁

③ 消失的哈瓦拉迷宫
法尤姆，埃及

哥迪莫渡石头迷宫
泰米尔纳德邦，印度

阿什科姆树篱迷宫
维多利亚州，澳大利亚

扎科帕内 ④
波兰

世界上最大的树篱迷宫"蝴蝶迷宫"建于中国，迷宫全程达8千米。

① 菠萝花园迷宫
美国夏威夷的一处菠萝种植园可以让人们体验植物迷宫。

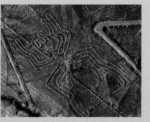

② 纳斯卡线条之谜
沙漠中这些拥有2000多年历史的迷宫式设计的线条，可能在当时被用作宗教仪式的路径。

③ 哈瓦拉迷宫
据古希腊历史学家希罗多德描述，这里曾经有一个规模"甚至超过金字塔"的大型迷宫。

皮洛斯迷宫
希腊
这是一个雕刻在泥版上的迷宫，来自古迈锡尼文明，是后来所有迷宫的样板。

克诺索斯迷宫
克里特岛，希腊

迷宫图例

数百年来，欧洲曾出现过许多不同的迷宫风格。

- 史前迷宫雕刻
- 树篱迷宫
- 古代迷宫
- 草坪与石头迷宫
- 教堂迷宫
- 草坪迷宫
- 岩石迷宫
- 玉米迷宫、向日葵迷宫或冰雕迷宫

③ 约克
一年一度的英国约克迷宫已成为定期举行的重要的玉米田迷宫活动。影视剧中的人物形象经常被设计成迷宫的图案。2011年，迷宫的图案选择了哈利·波特的肖像。

④ 扎科帕内
2016年，这个波兰的滑雪胜地创造了有史以来最大冰雕迷宫的世界纪录。冰雕迷宫占地面积达2500平方米。

历史记载的最早的迷宫却是7000年前古埃及的一个迷宫。

虚幻之地

你有没有在看某一本图书或某一部电影时突然觉得"那个地方似曾相识"？很多引人入胜的故事中的场景都是从现实生活中获取的灵感。

《姆米谷的芬兰一家》
布利德岛，瑞典
一座拥有田园诗般风景的瑞典岛屿，是作姆米谷的灵感来源。姆米谷是托芙·杨松创作的系列畅销书中那些长得像河马的可爱生灵的故乡。

《冰雪奇缘》
阿伦达尔，挪威
这个与埃尔莎女王的阿伦黛尔王国名字相似的港口，同样拥有迷人的景色。

《金银岛》
安斯特岛，英国
据说，设得兰群岛中这座位于英国最北边的岛屿就是罗伯特·路易斯·史蒂文森在书中所描绘的藏宝地。

《小熊帕丁顿》
帕丁顿火车站，伦敦，英国
作家迈克尔·邦德笔下那只著名的熊从暗无天日的秘鲁一路来到这个繁忙的伦敦火车站。

《花衣魔笛手》
哈默尔恩，德国
长久以来，人们总是把那个神奇的捕鼠能手的故事与这座城市联系在一起。

《彼得·潘》
莫特伯里别墅，邓弗里斯郡，英国
作家詹姆斯·马修·巴里童年生活过的地方让他获得了许多冒险故事的灵感。

《彼得兔的故事》
丘顶农场，坎布里亚郡，英国
作家比阿特丽克斯·波特笔下的故事，很多都是根据她所居住的农场周围的动物编写和绘制的。

《海蒂》
迈恩费尔德，瑞士
一个经久不衰的关于快乐女孩海蒂的故事，就是以这个美丽山区为背景的。

《霍比特人》
萨尔洞水磨坊和莫斯利沼泽，英国
约翰·罗纳德·瑞尔·托尔金在书中所描绘的被精灵、矮人和霍比特人所占据的"中土"，其原型就是他从小长大的地方。

《睡美人》
新天鹅堡，德国

《巴黎圣母院》
巴黎圣母院，法国
19世纪20年代，巴黎的地标性建筑巴黎圣母院翻新，激发了作家维克多·雨果的创作灵感，使他写出了著名的住在钟楼里的敲钟人的故事。

《小熊维尼》
阿什当森林，东萨塞克斯郡，英国
阿什当森林就是小熊维尼故事中百亩森林的原型。这片沉睡的森林里甚至还有一座可以玩"维尼木棍"游戏的桥。

《哈利·波特》
波尔图莱罗书店，葡萄牙

《堂吉诃德》
卡斯蒂利亚·拉曼查自治区，西班牙
这个地区就是塞万提斯的小说《堂吉诃德》中那个幻想成为骑士的主人公堂吉诃德的家乡。

《哈利·波特》
据说，《哈利·波特》作者创作的霍格沃茨城堡及城堡内神奇的移动楼梯，其灵感就是来自葡萄牙波尔图莱罗书店精美的建筑结构。

据说，《侏罗纪公园》中虚构的伊斯拉·纳布

世界各地的故事发源地

《草原小屋》
迪斯梅特镇，南达科他州，美国

《绿野仙踪》
1893年世界博览会，芝加哥，美国

《绿山墙的安妮》
爱德华王子岛，加拿大

《星球大战》
泰塔温省，突尼斯

《阿拉丁和神灯》
西部地区，中国

《汤姆·索亚历险记》
马克·吐温洞穴，密苏里州，美国

《龙猫》
狭山，日本

《飞屋环游记》
安赫尔瀑布，委内瑞拉

《海洋奇缘》
泰蒂亚罗阿环礁，法属波利尼西亚

《人猿泰山》
西非

《奇幻森林》
塞奥尼，中央邦，印度

《狮子王》
地狱之门国家公园，肯尼亚

《悬崖下的野餐》
悬岩酒庄，维多利亚州，澳大利亚

《安娜斯塔西娅》
圣彼得堡，俄罗斯皇室成员逃离城市的真实故事，在1997年的这部动画片里重现。

《纳尼亚传奇：狮子、女巫和魔衣橱》
纳尔尼，意大利
作家克莱夫·斯特普尔斯·刘易斯所创作的神奇王国纳尼亚，很可能借用了意大利这座古老山城的名字。

《德古拉》
布兰城堡，罗马尼亚
小说中最著名的吸血鬼所居住的城堡与特兰西瓦尼亚这座城堡的特征完全匹配。

《阿拉丁和神灯》
虽然这个故事被收录在阿拉伯民间故事集《一千零一夜》中，但事实上这个名叫阿拉丁的男孩与神灯的故事是以中国西部为故事背景的。

《睡美人》
德国新天鹅堡建筑精美的造型及其雪白的墙壁，与迪士尼经典童话电影中的宫殿极为相似。

《星球大战》
卢克·天行者的故乡行星塔图因，也是根据地球上的地点，即突尼斯的泰塔温想象出来的。电影中的许多场景都是在它附近的丘陵和村庄里拍摄的。

拉尔岛的原型是哥斯达黎加附近的科科斯岛。

芬兰
这个国家共有179584个岛屿，是世界上拥有岛屿最多的国家。

意大利
意大利领土内还包含其他两个国家：圣马力诺和梵蒂冈。

乌兹别克斯坦
乌兹别克斯坦是世界上仅有的两个双重内陆国（本国是内陆国家，其所有邻国也都是没有海洋边界的内陆国家）之一。另一个是列支敦士登。

俄罗斯
俄罗斯幅员辽阔，约有一半的领土被森林覆盖。其森林面积约占全球森林总面积的20%。

中国
尽管中国东西跨越了5个时区，但整个国家采用同一个时区的时间，即中国首都北京所在的东八区的区时。

伊斯坦布尔
土耳其
这是世界上唯一一个地跨两大洲（亚洲与欧洲）的城市。亚欧大陆的分界博斯普鲁斯海峡从市中心穿过。

尼日尔河
几内亚—尼日利亚
这条河的源头距离海岸线仅有150千米，但它在尼日利亚入海之前，在内陆的流经距离长达4200千米。

沙特阿拉伯
它是全球18个没有自然河流的国家中面积最大的一个国家。

沙摩西岛
印度尼西亚
它是世界上最大的岛中岛，陆地面积约为640平方千米。

火神点岛
吕宋岛，菲律宾
它是吕宋岛上一个大湖中岛中的一个更小的湖中岛。

钦博拉索山

珠穆朗玛峰（海拔8848.86米）是世界最高峰。钦博拉索山虽然比珠峰矮了约2538米，但它的峰顶到地心的距离比珠峰远。这是因为，地球并非一个正圆的球体，它就像一个被紧握在两手之间，上下被压扁，而中间向两侧鼓起的球。

南极的冰川下约有300个湖泊。

加拿大
据统计，加拿大大约9%的面积被湖泊覆盖。境内共有31752个湖泊，比世界上任何一个国家的都多。

卡扬贝火山
厄瓜多尔这座火山的南山坡是赤道沿线唯一能看到雪的地方。

迪奥米德群岛
俄罗斯与美国最近距离仅有4千米。这个距离就是迪奥米德群岛中被白令海峡隔开的两座岛屿之间的距离。其中一座岛屿属于俄罗斯，另一座属于美国。

黄石国家公园
在美国怀俄明州的这个公园内，间歇泉和温泉的数量比世界其他地方的间歇泉和温泉的总和还要多。

玻利维亚
该国虽然是个内陆国家，却有一支5000人的海军。这是因为，它曾经拥有过一小段海岸线。如今，这些海岸线已成了智利的一部分。

亚马孙河
整条亚马孙河流上没有一座桥梁。

奇特的地理

所有的河流都流向大海……赤道附近都非常炎热……珠穆朗玛峰是地表上离地心最远的地方……这些说法都是错的！让我们一起来发现那些挑战我们的地理常识的地方——从不可思议的自然风貌，到人为形成的地理现象，如奇特的边境线和时区等。

它们受地核温度的影响没有结冰。

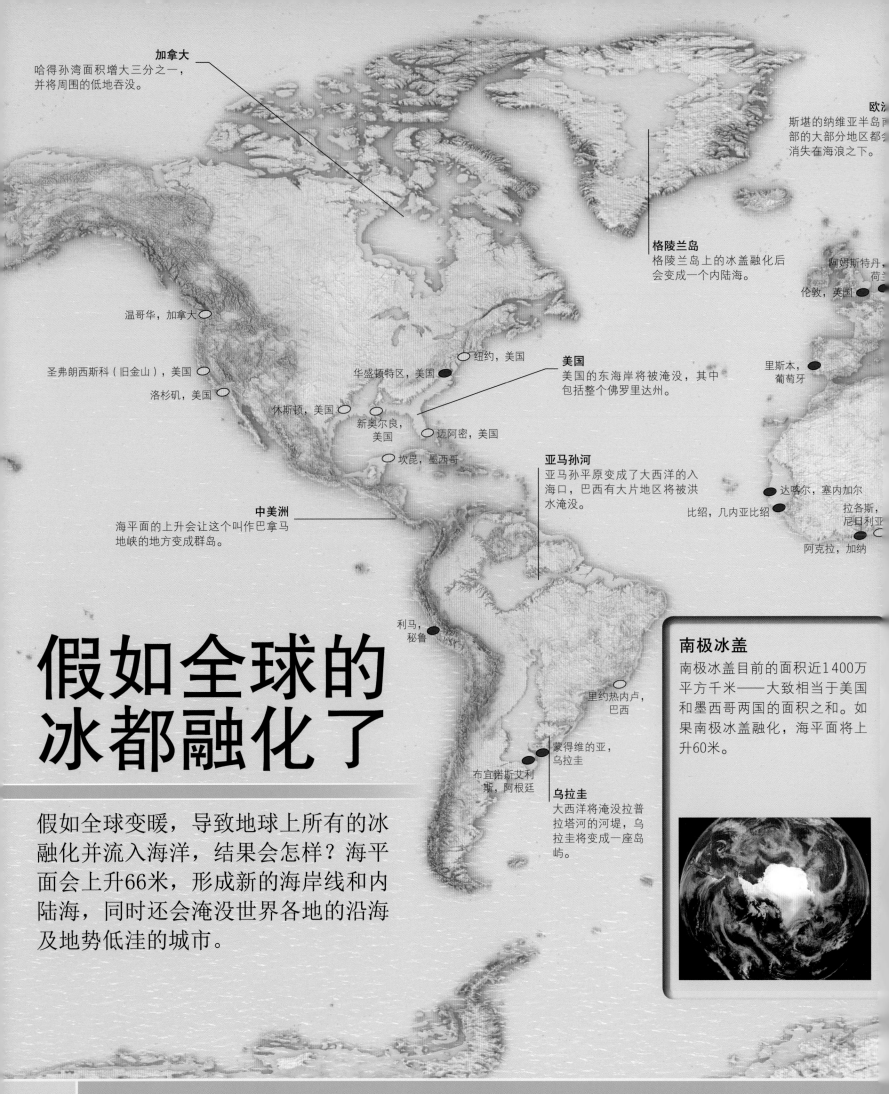

加拿大
哈得孙湾面积增大三分之一，并将周围的低地吞没。

欧洲
斯堪的纳维亚半岛南部的大部分地区都会消失在海浪之下。

格陵兰岛
格陵兰岛上的冰盖融化后会变成一个内陆海。

温哥华，加拿大

圣弗朗西斯科（旧金山），美国

洛杉矶，美国

纽约，美国

华盛顿特区，美国

休斯顿，美国

新奥尔良，美国

迈阿密，美国

坎昆，墨西哥

阿姆斯特丹，荷兰

伦敦，英国

里斯本，葡萄牙

美国
美国的东海岸将被淹没，其中包括整个佛罗里达州。

达喀尔，塞内加尔

比绍，几内亚比绍

拉各斯，尼日利亚

阿克拉，加纳

亚马孙河
亚马孙平原变成了大西洋的入海口，巴西有大片地区将被洪水淹没。

中美洲
海平面的上升会让这个叫作巴拿马地峡的地方变成群岛。

利马，秘鲁

里约热内卢，巴西

蒙得维的亚，乌拉圭

布宜诺斯艾利斯，阿根廷

乌拉圭
大西洋将淹没拉普拉塔河的河堤，乌拉圭将变成一座岛屿。

假如全球的冰都融化了

假如全球变暖，导致地球上所有的冰融化并流入海洋，结果会怎样？海平面会上升66米，形成新的海岸线和内陆海，同时还会淹没世界各地的沿海及地势低洼的城市。

南极冰盖
南极冰盖目前的面积近1400万平方千米——大致相当于美国和墨西哥两国的面积之和。如果南极冰盖融化，海平面将上升60米。

据美国国家航空航天局观测，极地冰盖

里海
内陆海海域大大增加，里海与黑海将会连通。

俄罗斯
俄罗斯北部大片领土将消失在巴伦支海和卡拉海的波涛之下。

圣彼得堡，俄罗斯

哥尔摩，

喜马拉雅山
世界最高峰上的冰川融化后，将影响数亿人的淡水供应。

天津，中国

东京，日本

意大利

开罗，埃及　巴格达，伊拉克

亚历山大，埃及

上海，中国

中国
中国将被淹没的主要城市包括天津、上海和香港。

科威特城，科威特

迪拜，阿拉伯联合酋长国

加尔各答，印度　达卡，孟加拉国

香港，中国

孟买，印度

吉布提，吉布提

马尔代夫
这个著名的度假胜地将被海水淹没。

新加坡

孟加拉国
整个孟加拉国将被海水淹没，超过1.6亿人会因此流离失所。

达累斯萨拉姆，坦桑尼亚

澳大利亚
南澳大利亚州和新南威尔士州的低地将变成印度洋的海湾。

珀斯，澳大利亚

悉尼，澳大利亚

开普敦，南非

墨尔本，澳大利亚

灰白熊
极地冰盖消失后，北极熊将被迫迁徙到内陆地区，并与灰熊等其他种类的熊杂交繁育，可能会导致新物种的产生，例如灰白熊。

南极洲
没有冰雪覆盖的南极洲将变成长满草的荒原。

图例
这幅世界地图标出的是因海平面不断上升而终将会被淹没的主要城市。

● 首都
○ 大城市

每10年的融化量约为其总量的9%。

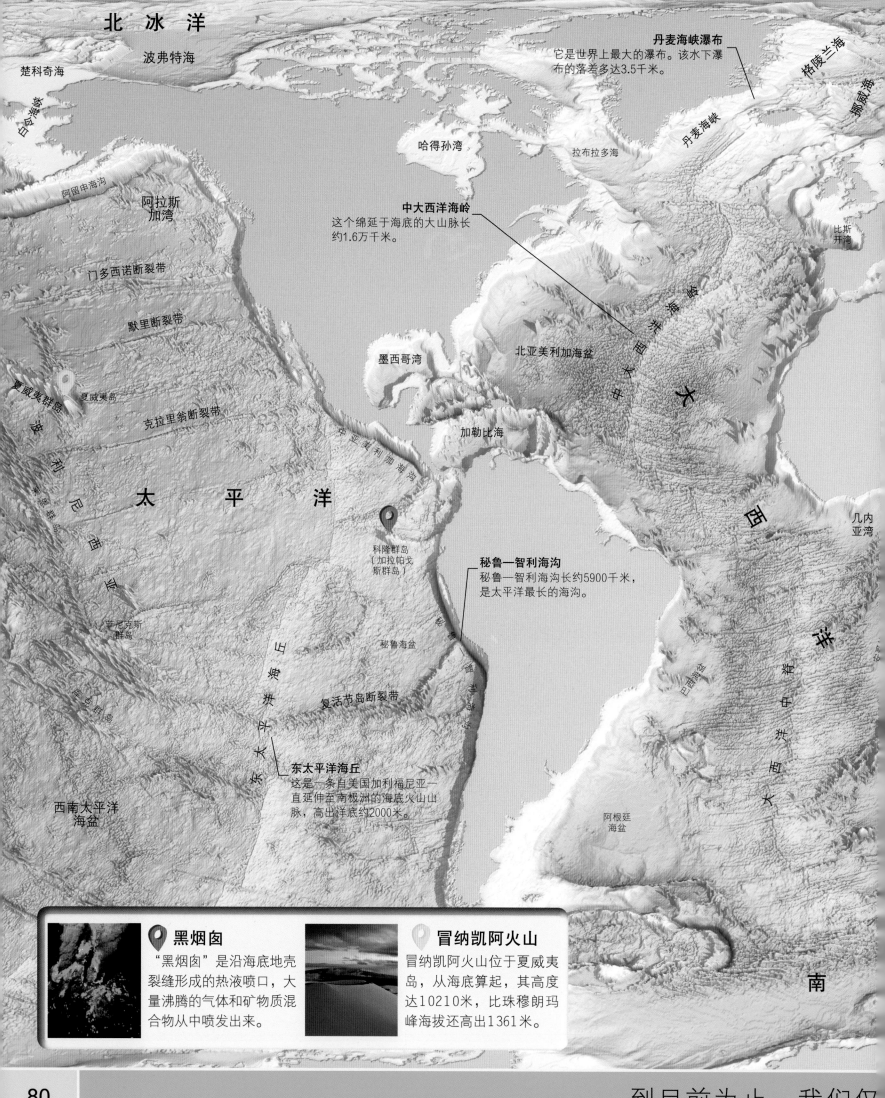

北 冰 洋

楚科奇海

波弗特海

白令海峡

阿留申海沟

阿拉斯加湾

门多西诺断裂带

默里断裂带

夏威夷群岛

夏威夷岛

克拉里翁断裂带

波利尼西亚群岛

太 平 洋

大洋洲

菲尼克斯群岛

图瓦卢群岛

东太平洋海丘

复活节岛断裂带

西南太平洋海盆

哈得孙湾

墨西哥湾

加勒比海

中亚美利加海沟

科隆群岛（加拉帕戈斯群岛）

秘鲁海盆

拉布拉多海

丹麦海峡

格陵兰海

挪威海

丹麦海峡瀑布
它是世界上最大的瀑布。该水下瀑布的落差多达3.5千米。

比斯开湾

中大西洋海岭
这个绵延于海底的大山脉长约1.6万千米。

北亚美利加海盆

中大西洋海岭

大 西

几内亚湾

秘鲁—智利海沟
秘鲁—智利海沟长约5900千米，是太平洋最长的海沟。

秘鲁—智利海沟

大 西 洋 中 脊

巴西海盆

阿根廷海盆

洋

南

这是一条自美国加利福尼亚一直延伸至南极洲的海底火山山脉，高出洋底约2000米。

🔴 黑烟囱
"黑烟囱"是沿海底地壳裂缝形成的热液喷口，大量沸腾的气体和矿物质混合物从中喷发出来。

🔵 冒纳凯阿火山
冒纳凯阿火山位于夏威夷岛，从海底算起，其高度达10210米，比珠穆朗玛峰海拔还高出1361米。

到目前为止，我们仅

海底世界的真相

海底世界是我们的星球上最神奇的地方。这里不仅有地球上最深的海沟、最长的山脉，令人称奇的是，还有最大的瀑布。

巴伦支海

拉普捷夫海

皇帝海山
这些从美国夏威夷向西北延伸的水下山脉，每一座山峰都以一位日本天皇的名字命名。

白令海

鄂霍次克海

皇帝海山

日本海

千岛海沟

西北太平洋海盆

黄海

东海

日本海沟

菲律宾海

琉球海沟

密克罗尼西亚

中太平洋海盆

爪哇海沟
爪哇海沟位于印度尼西亚爪哇岛与苏门答腊岛以南，长2750千米，是印度洋唯一一条大海沟。

海

菲律宾海沟

美拉尼西亚

海底暗河
一条长约60千米的海底暗河从博斯普鲁斯海峡一直流向黑海深处。

波斯湾

阿拉伯海

红海

亚丁湾

阿拉伯海盆

孟加拉湾

爪哇海

爪哇海沟

东经九十度海岭

阿拉弗拉海

帝汶海

珊瑚海

大堡礁

索马里海盆

印度洋

东经九十度海岭
这条以其所在经度线命名的海岭，是世界上最长（5000千米）、最直的海底山脉。

莫桑比克海峡

珀斯海盆

轩马德海沟

角

西南印度洋海岭

塔斯曼海

巴斯海峡

东南印度洋海丘

坎贝尔深海高原

挑战者深渊
这是地球上海洋最深的地方，位于海平面以下10929米。

珊瑚的世界
大堡礁长达2300千米，它是世界最大的珊瑚礁群，也是世界上最大的生态系统。

探索了5%的海底世界。

西班牙阿科鲁尼亚

欧洲大部分地区的对跖点（地球同一直径的两个端点）都在海洋中。但是，西班牙和葡萄牙的某些地区是和新西兰相对的。例如，西班牙的北部城市阿科鲁尼亚，在地球另一端与它对应的是新西兰的克赖斯特彻奇市。

欧洲

穿过地核

地核内部由高密度的铁和镍元素构成，并且温度非常高（5400℃）。因此，要经过地核打通一条隧道是根本不可能的。

大约12700千米

非洲

欧洲与新西兰

在地球的另一端，与欧洲所对应的陆地是新西兰。

截至目前，地球上最深的人工钻孔是俄罗斯的

假如能穿越地核

假如我们能够在地球上钻一个洞，然后从地球的另一端出来，大多数人都可能葬身大海。这是因为，地球表面绝大部分都被海洋覆盖。不过，也有少数地方，一座城市可与地球另一端的城市相连。

乌兰乌德，布里亚特共和国，俄罗斯

非洲

南美洲

亚洲

南美洲

西苏门答腊省巴东，印度尼西亚

埃斯梅拉达斯，厄瓜多尔

纳塔莱斯港，智利

对跖点

在地球上，穿过地核位于同一直径上的一端与另一端之间的关系就是对跖点关系。北美洲、澳大利亚和非洲大部分地区的对跖点都在海洋中。西班牙的另一端是新西兰，南美洲的部分地区与印度尼西亚、中国和俄罗斯互为对跖点。

亚洲

南美洲

北美洲

非洲

纽约，美国

香港，中国

拉基亚卡，阿根廷

印度洋

是海洋，不是陆地

地球上仅有约15%的陆地的对跖点同样是陆地。因此，大部分陆地的对跖点都是海洋。

科拉超深钻孔，但也仅有12.3千米深。

极地之旅

联合古陆从北极一直延伸至南极。从理论上讲，你可以通过陆路从地球的一极到达另一极。

西欧

欧洲与北美洲之间的大西洋尚未形成。

巨大的海洋

当时的海洋只有一个，叫作泛大洋，占地球表面积的三分之二。

北美洲

美国的东海岸与非洲接壤，纽约市与毛里塔尼亚相邻。

巴西

巴西没有海岸线，其东部边界与非洲接壤。

完美契合

南美洲东海岸与非洲西海岸之间的衔接堪称完美。

联合古陆中心区

由于各类天气系统无法抵达联合古陆的中心区域，所以许多国家白天会非常炎热，晚上却很冷，降雨也十分稀少。

格陵兰（丹）

芬兰

瑞典

挪威

俄罗斯

爱沙尼亚
拉脱维亚
立陶宛

白俄罗斯

荷兰

丹麦

波兰

乌克兰

加拿大

英国

德国

摩尔多瓦

爱尔兰

比利时

斯洛伐克

匈牙利

美国

法国

捷克

奥地利

瑞士

葡萄牙

西班牙

摩洛哥

意大利

突尼斯

希腊

毛里塔尼亚

阿尔及利亚

土耳其

塞内加尔

墨西哥

冈比亚

几内亚比绍

马里

利比亚

叙利亚

委内瑞拉

塞拉利昂

几内亚

尼日尔

埃及

约旦

伊拉克

哥伦比亚

利比里亚

布基纳法索

厄瓜多尔

科特迪瓦

加纳

多哥

贝宁

乍得

沙特阿拉伯

圭亚那

苏里南

法属圭亚那

尼日利亚

苏丹

厄立特里亚

阿拉伯联合酋长国

秘鲁

喀麦隆

中非共和国

也门

巴西

加蓬

刚果（布）

南苏丹

刚果（金）

埃塞俄比亚

玻利维亚

巴拉圭

卢旺达

乌干达

布隆迪

肯尼亚

巴基

阿根廷

乌拉圭

安哥拉

坦桑尼亚

智利

纳米比亚

赞比亚

马达加斯加

印度

博茨瓦纳

津巴布韦

马拉维

莫桑比克

斯里兰卡

不丹

南非

斯威士兰

孟加拉国

莱索托

南极洲

当时，大多数的动植物都生活在联合古陆的

超级大陆

这是一幅描绘了2.7亿年前地球陆地的地图。当时的陆块是连在一起的，形成了一块叫作"联合古陆"（泛大陆）的超级大陆。不过，这幅地图上添加了一些国家的现代国界线，以显示它们在那个时期所处的位置。大约在距今1.8亿年前，大陆板块开始分裂并在地球表面漂移。

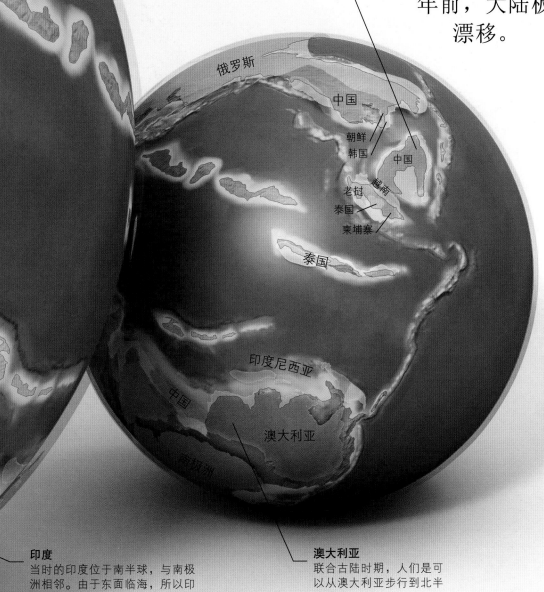

古代陆地
整块联合古陆十分广阔，从地球的一极一直延伸到另一极。并且，这种整块大陆的状态一直延续了约1.6亿年。

中国
现在的中国东部，当初是一块单独的大陆，叫作华夏古陆。数百万年后，它与联合古陆碰撞在了一起。

俄罗斯

中国

朝鲜
韩国
越南
中国
老挝
泰国
柬埔寨

泰国

印度尼西亚

中国

南极洲

澳大利亚

印度
当时的印度位于南半球，与南极洲相邻。由于东面临海，所以印度拥有温暖潮湿的气候。

澳大利亚
联合古陆时期，人们是可以从澳大利亚步行到北半球的。

联合古陆说
超级大陆的概念最初是由德国科学家阿尔弗雷德·韦格纳于1912年提出的。他发现，如今各个大陆的边缘，是可以像拼图一样相互拼接在一起的。他认为，各大陆板块早在上亿年前就相互分离，开始漂移。

海平面升高
地球逐渐变暖，冰盖在慢慢地融化，海平面升到最高点以后，海水将淹没世界上许多低洼地区。

大西洋
在接下来的1.5亿年中，大西洋西侧的一个板块将被压在另一个板块之下，大西洋因此将缩小。

亚马孙海
曾经被茂盛的热带雨林覆盖的亚马孙河流域，大部分区域将被大海淹没。

北美洲

北美洲
美国南加州（以洛杉矶为中心的都市带称为南加州）和墨西哥下加利福尼亚州的陆地，将会漂移到北美洲西部形成山脉。

南美洲

越来越大的岛屿
马尔维纳斯群岛、南乔治亚岛和南桑威奇岛将扩展成横跨大西洋的大型岛链。

南极洲
这块大陆将慢慢远离南极，向北漂移，最终会与亚洲大陆相接，切断印度洋与其他海域的连通。

未来的地球

地球上各大洲都分属于几个岩石圈板块。岩石圈板块以每年1～10厘米的速度在岩浆的"海洋"（熔岩）上移动。有些地质线索能够揭示板块的移动路线，科学家们根据这些线索已经预测了1亿年后地球的样子。

1亿年后，地球的自转速度将会略微减慢，

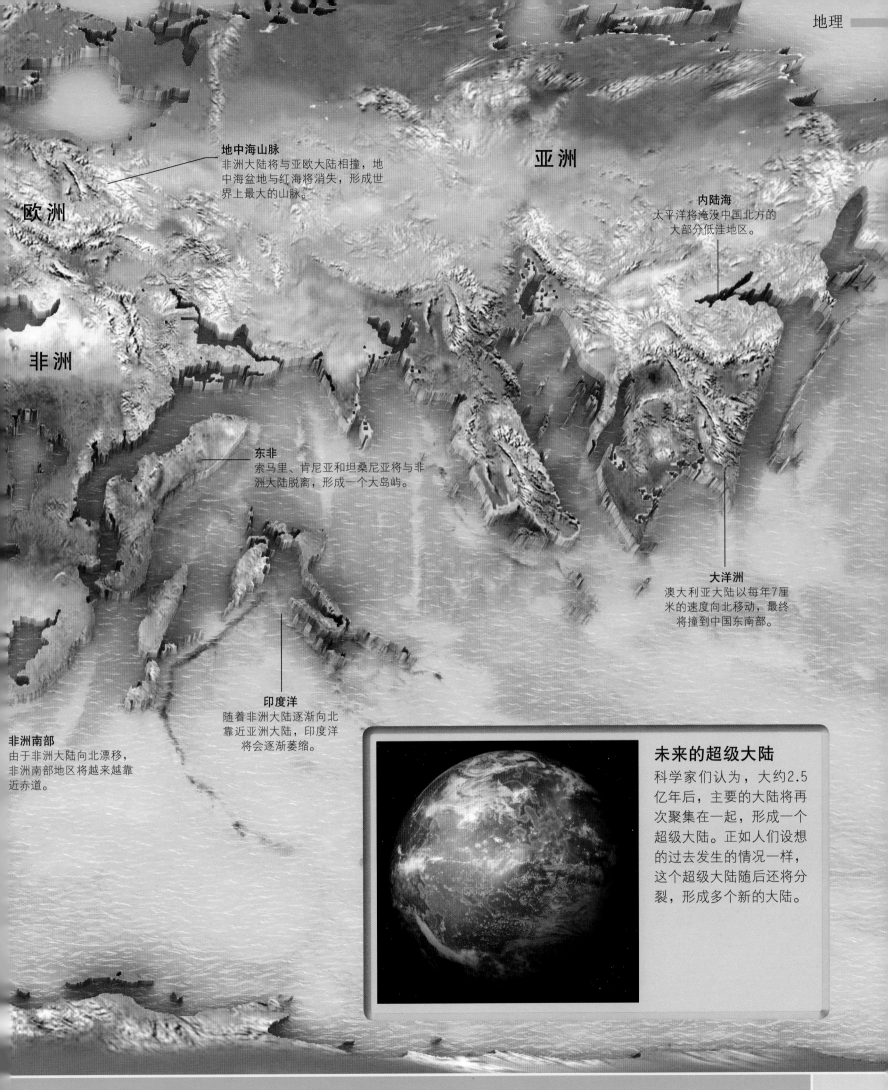

亚洲

欧洲

非洲

地中海山脉
非洲大陆将与亚欧大陆相撞，地中海盆地与红海将消失，形成世界上最大的山脉。

内陆海
太平洋将淹没中国北方的大部分低洼地区。

东非
索马里、肯尼亚和坦桑尼亚将与非洲大陆脱离，形成一个大岛屿。

大洋洲
澳大利亚大陆以每年7厘米的速度向北移动，最终将撞到中国东南部。

非洲南部
由于非洲大陆向北漂移，非洲南部地区将越来越靠近赤道。

印度洋
随着非洲大陆逐渐向北靠近亚洲大陆，印度洋将会逐渐萎缩。

未来的超级大陆
科学家们认为，大约2.5亿年后，主要的大陆将再次聚集在一起，形成一个超级大陆。正如人们设想的过去发生的情况一样，这个超级大陆随后还将分裂，形成多个新的大陆。

每天的时间将变成24小时30分钟左右。

番茄大战
西班牙的番茄节始于20世纪40年代，如今已经成为世界上规模最大的食物大战。每年8月的最后一个星期三，大约有2万人聚集在一起，互相投掷大量的西红柿。

加拿大

加拿大儿童不足700万，占加拿大人口总量的五分之一弱。在北美洲，加拿大的儿童数量占全国总人口数量的比例最低。

北美洲

美国

美国的儿童数量超过7400万，是北美洲儿童数量最多的国家。

危地马拉

在危地马拉，年龄在0～17岁的人口约占43%，是北美洲儿童人口数量占比最高的国家。

阿鲁巴岛

加勒比海的阿鲁巴岛上只有2.4万名儿童，是北美洲儿童数量最少的地方。

德国

德国17岁以下的人口占全国总人口的16％，其儿童比例在欧洲最低。

爱尔兰

在爱尔兰，0～17岁的人口占全国总人口的四分之一，是儿童数量占比最高的欧洲国家。

马耳他

马耳他是欧洲儿童人口数量最少的国家——约为7.5万人。

法属圭亚那

法属圭亚那约有40%的人口年龄在0～17岁之间，是南美洲儿童人口占比最高的国家。

尼日尔

尼日尔未满18岁的人口占全国总人口的比例高于57%。

尼日利亚

尼日利亚的儿童数量高达9150万，是非洲儿童人口数量最多的国家。

南美洲

巴西

在巴西，0～17岁的儿童数量为5680万，比南美洲任何一个国家都多。

儿童的世界

全世界的儿童约有23亿。这幅地图标示了各大洲一些儿童人口占本国或本地区总人口比例（或儿童人口数量）最高和最低的国家或地区。一般而言，总人口最多的国家，其儿童数量也最多，但中国的儿童数量仅位居世界第二。

各大洲的儿童

全世界年龄在0～17岁的人口数量约占全球总人口的三分之一弱，其中一半以上在亚洲。但非洲的儿童数量在其总人口中的占比相对其他大洲是最高的。

人口数量（单位：亿）

45
40
35
30
25
20
15
10
5

■ 成人数量
　儿童数量

北美洲　南美洲　非洲　欧洲　亚洲　大洋洲

有个国家，儿童人口数量达到全球儿童

俄罗斯
俄罗斯18岁以下的人口数量为2790万，占欧洲儿童总人口数量的五分之一。俄罗斯是欧洲儿童人口数量最多的国家。

欧 洲

阿富汗
阿富汗是亚洲儿童人口比例最高的国家：0~17岁的人口数量为3410万，占其总人口的52%。

亚 洲

日本
日本18岁以下的人口仅占全国总人口的16%。在亚洲，其儿童人口比例与卡塔尔和阿联酋一样，均属于最低水平。

中国
中国是世界上人口数量最多的国家，已超过14亿。但其儿童人口数量却居世界第二位（据第七次全国人口普查数据，0~14岁人口数量约为2.53亿）。

密克罗尼西亚联邦
密克罗尼西亚是大洋洲儿童人口数量最少的国家，18岁以下人口仅有4.3万。

塞舌尔
塞舌尔是非洲儿童人口数量最少的国家，约为2.4万。

印度
印度的儿童人口数量比世界上任何一个国家都多，18岁以下人口为4.5亿，约占全国总人口的三分之一。

马尔代夫
马尔代夫是亚洲儿童人口数量最少的国家，约为11.5万。

大 洋 洲

世界上最大的学校
孩子多的地方，需要建的学校也大。位于印度北方邦首府勒克瑙的蒙特梭利城市学校共有20个校区，在校生共有5.5万人。其中一个校区仅教室就有1020间。

澳大利亚
虽然澳大利亚是大洋洲儿童人口数量（530万）最多的国家，但其儿童人口比例却是最低的，约占其总人口的22.5%。

人口总数的大约20%，这个国家就是印度。

📍 "邦蒂"号

1789年，这艘英国皇家武装运输船上发生了暴动，这是英国历史上最著名的叛乱之一。一名大副率水手打倒了船长，并将船长及其追随者扔到一艘已超载的小船上。虽然缺乏供给，但这些在海上漂流的人仍然活了下来，几个月后抵达了帝汶岛。

阿达·布拉克杰克

弗兰格尔岛，1921～1923年
这位因纽特女子是一支加拿大北极探险队唯一的幸存者。她独自一人在寒冷的北极岛屿上生活了两年。

贡萨洛·德比戈

关岛，1522～1526年
在脱离了所在的环球探险队之后，这位西班牙水手一直与当地原住民生活在一起，直到被一艘途经的船发现。

赫苏斯·比达尼亚、卢西奥·伦东、萨尔瓦多·奥多涅斯

墨西哥至马绍尔群岛，2005～2006年
3名渔民在渔船燃料耗尽后，开始随船在海上漂流。直到在太平洋上漂流了9个月后，他们才获救。

小栗重吉

日本至美国，1813～1815年
这位船长驾驶着他的残船在加利福尼亚登陆，成为首批登陆美国的日本人之一。

罗兰多·欧蒙高斯

菲律宾桑托斯将军城至新不列颠岛，2017年
这个21岁的青年在海上漂流了整整56天，只能以雨水、海藻和生鱼为食。

尤恩·布拉尼维和特马里·通塔克

基里巴斯至马绍尔群岛，2011年
在全球定位系统（GPS）的电耗尽后，这两名男子向西漂流到了马绍尔群岛。其中一人居然在那里发现了他失散多年的叔叔！

若泽·萨尔瓦多·阿尔瓦伦加

墨西哥至马绍尔群岛，2012～2014年
这名萨尔瓦多男子在太平洋上漂流了10800千米，依靠喝海龟血和自己的尿坚持了438天（他的同伴中途去世）。

亚伯拉罕·利曼·范桑维茨

澳大利亚至爪哇岛，1658年
在一次暴风雨中失去了轮船后，这位船长与船员们不得不驾驶着一艘漏水的划艇，历经21天，返回了爪哇岛。

"罗丝-诺艾尔"号全体船员

新西兰南岛至大堡礁，1989年
在一艘被巨浪打翻的游艇上，4名男子被困海上。他们不得不随波漂流，历经119天后，终于获救。

罗伯特·博古茨基

澳大利亚大沙沙漠，1999年
为了满足自己的精神追求，这位美国人在沙漠探险时迷失了整整43天。

托马斯·马斯格雷夫

奥克兰岛至斯图尔特岛，1864年
在船只因恶劣天气失事后，这位船长与他的船员在一座亚南极岛屿上滞留了18个月。之后，他们乘坐一只临时的小舢板去寻找救援才得以离开。

在没有淡水的情况下，大多

图例

右侧的图标标出了这些离奇的幸存故事所发生的地点和环境。

在岛屿上

在沙漠中

在大海上

毛罗·普罗斯佩里

撒哈拉沙漠，1994年
这位意大利运动员在一场艰苦的沙漠马拉松比赛中因遭遇沙尘暴而迷失了方向。9天后他获救时，已偏离比赛路线行走了291千米。

菲利普·阿什顿

洪都拉斯罗阿坦岛，1722年
为了躲避海盗的追捕，这名美国渔民逃进了一座神秘小岛的丛林中。大约16个月后，他最终被营救了出来。

史蒂文·卡拉汉

加那利群岛至瓜德罗普，1982年
这名美国水手被迫弃船后，乘坐一艘救生筏在大西洋上漂浮了76天，最终被一名渔民救起。

潘濂

巴西海岸，1942年
在所乘轮船被鱼雷击中后，这位侍应生孤身一人乘坐救生筏在海上漂浮了133天，创下了独自一人在海上漂流的世界纪录。

莫里斯·贝利，马拉林·贝利

巴拿马至加拉帕戈斯群岛，1973年
这对夫妇为了生存吃了许多海洋生物，其中还包括他们利用别针徒手抓获的6条小鲨鱼。

亚历山大·塞尔扣克

鲁宾逊·克鲁索岛，1704～1709年
虽然这位英国海军军官并不是第一个被困在这座岛上的海员，但他的经历激发了著名小说《鲁宾逊漂流记》的创作灵感。

超级幸存者

查尔斯·巴纳德

鹰岛，1812～1814年
这名美国船长被强行登船的英国人流放到鹰岛上。

无论是在海洋上漂流还是在沙漠中迷失，这些令人难以置信的幸存者最终都被困在世界上某些偏僻的角落。在等待救援的过程中，很多人为了生存不得不采取一些极端的措施。

欧内斯特·沙克尔顿

南极洲，1915～1916年
在船体破裂后，这位著名的英国探险家及其船员被困在浮冰上。后来，他们想尽一切办法向北跋涉了563千米并最终获救。

数人可以在海上生存6～7天。

厨房里的食物

橱柜或冰箱内存放的食物数量惊人，它们含有的一些物质，如果大量食用可能对人体有害。

大黄的叶子（不包括茎）含有一种叫作草酸盐的有毒物质，可能会损害肾脏。

如果大量食用**肉豆蔻**可以引起中毒。中毒的症状包括产生幻觉等。

甜杏仁和苦杏仁都含有氰化物，但商店里作为坚果出售的杏仁是安全的。

有些**蜂蜜**可能含有少量毒素，会导致肉毒中毒（属重度中毒），可能致命。

金枪鱼可能含有大量的汞，这种有毒金属可引起严重的健康问题。

马铃薯看上去似乎是无毒的，但变绿或长芽的马铃薯含有有毒物质。

冰岛发酵鲨鱼肉
冰岛

冰岛发酵鲨鱼肉，又称臭鲨鱼，是冰岛地区一道著名的菜肴。吃鲨鱼肉有很大的风险，因为它们通常含有高浓度的有毒化学物质，如含氮废物尿素等。

卡苏马苏乳酪
意大利

这种萨丁岛传统羊奶乳酪在发酵过程中，可能会有蝇蛆在乳酪中生长。据说人们吃了这种带有活蛆的乳酪，胃部会不舒服。

西非荔枝果
牙买加

在果实成熟变红，果壳自然开裂之前，这种植物的果实中含有一种可引起呕吐、昏迷甚至死亡的有毒物质。

有毒的食物

处理这些食物一定要小心，因为有的食物可能会一口致命。有些食物含有有毒物质，有的食物仅外形或味道就十分糟糕。所以，这些食物都需要由真正懂得处理方法的人去烹饪。即便如此，它们仍然可能有致命危险。

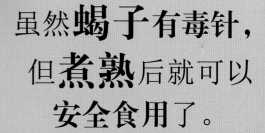

虽然**蝎子有毒针**，但**煮熟**后就可以**安全食用**了。

所有食物和饮品都有可能因为摄入过量而引发中毒。

河鲀
日本
这是世界上风险最高的食物之一，因为河鲀的一些部位含有比氰化物毒性强1000倍的物质。

韩式活章鱼
韩国
这种菜肴是将活的小章鱼生切，然后蘸酱料食用。当整只章鱼被端上桌时，它那仍在活动的触手可能会致进食者窒息。

蝗虫
以色列
为了消灭这些破坏作物的昆虫，以色列农民想出了一种独特的防治害虫的方法：油炸蝗虫，然后吃掉它们。

泥蚶
中国
虽然这是一种被广泛食用的食物，但这种贝类体内含有大量的病毒和细菌，容易引起肝炎、伤寒和痢疾等疾病。有些人已经因食用而丧生。

埃及咸鱼
埃及
埃及咸鱼是埃及闻风节时人们吃的一种传统食物。这是一道发酵的菜肴，其发酵时间长达一年。如果制作不当，它会对健康造成危害。

狼蛛
柬埔寨
油炸蜘蛛在柬埔寨是最受欢迎的街头小吃。由于这种动物的体毛容易导致过敏，所以在烹饪前应先将它们烧焦。

潘济木果实
新加坡
这种硕大、棕色的"橄榄球状水果"，含有致命的氰化氢，生吃会致命。沸水煮和发酵可以去除果实中的有毒物质。

蝙蝠汤
帕劳
帕劳岛居民通常将蝙蝠做汤食用。东南亚也有烧烤蝙蝠的吃法。然而，蝙蝠肉中含大量病菌。

非洲牛蛙
纳米比亚
虽然非洲牛蛙已经成为当地宴客的菜肴，但牛蛙体内的毒素可能对人体有害。

精心处理河鲀

处理河鲀的厨师在考取资格证前，必须先经过两年的培训，有三分之一的应考者无法通过考试。仅仅一小块带毒的河鲀内脏就可能杀死食用者。

如果一个人在2小时内饮用5升水就可能毙命。

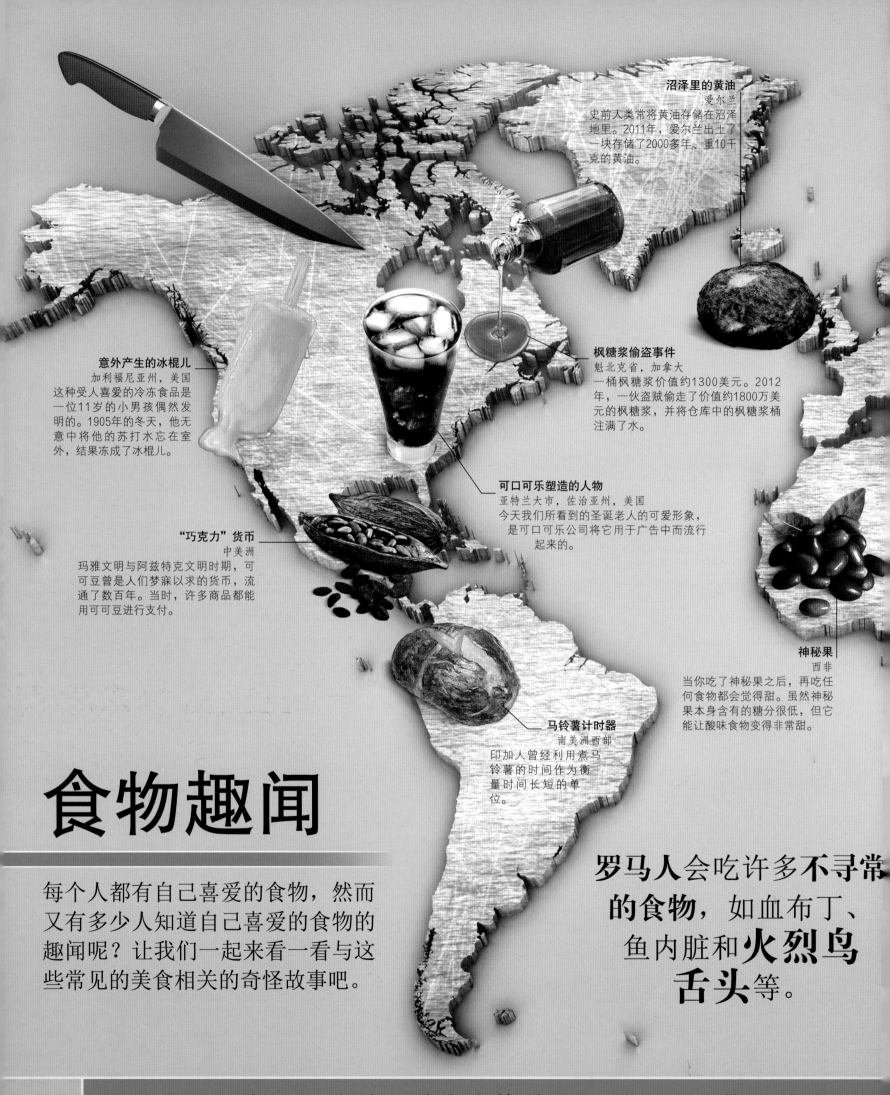

食物趣闻

每个人都有自己喜爱的食物，然而又有多少人知道自己喜爱的食物的趣闻呢？让我们一起来看一看与这些常见的美食相关的奇怪故事吧。

沼泽里的黄油
爱尔兰
史前人类常将黄油存储在沼泽地里。2011年，爱尔兰出土了一块存储了2000多年、重10千克的黄油。

枫糖浆偷盗事件
魁北克省，加拿大
一桶枫糖浆价值约1300美元。2012年，一伙盗贼偷走了价值约1800万美元的枫糖浆，并将仓库中的枫糖浆桶注满了水。

可口可乐塑造的人物
亚特兰大市，佐治亚州，美国
今天我们所看到的圣诞老人的可爱形象，是可口可乐公司将它用于广告中而流行起来的。

意外产生的冰棍儿
加利福尼亚州，美国
这种受人喜爱的冷冻食品是一位11岁的小男孩偶然发明的。1905年的冬天，他无意中将他的苏打水忘在室外，结果冻成了冰棍儿。

"巧克力"货币
中美洲
玛雅文明与阿兹特克文明时期，可可豆曾是人们梦寐以求的货币，流通了数百年。当时，许多商品都能用可可豆进行支付。

神秘果
西非
当你吃了神秘果之后，再吃任何食物都会觉得甜。虽然神秘果本身含有的糖分很低，但它能让酸味食物变得非常甜。

马铃薯计时器
南美洲西部
印加人曾经利用煮马铃薯的时间作为衡量时间长短的单位。

罗马人会吃许多不寻常的食物，如血布丁、鱼内脏和**火烈鸟舌头**等。

1807年，一位法国美食家推荐了一道"无与伦比的烤肉"

鲜嫩鞑靼牛肉
东欧

据说，生吃"鞑靼牛排"源自鞑靼骑兵。他们把牛肉放在马鞍下，马的汗水可使肉质变嫩。然而，他们这么做的真正目的很有可能只是为了保护马背，使其免生压疮。

航空食品

飞机上的配餐可能看上去很平常，味道可能也一般，但事实上食物在高空中吃起来的味道与在地面上是有所不同的。因为受机舱内气压的影响，人们品尝甜味和咸味食物的敏感度会下降30%，所以航空公司需要通过加重食物的味道来弥补这一点。

酸奶发酵器
中亚

公元前6000年，牧民们用动物皮囊随身携带牛奶的时候，意外地将牛奶发酵成了酸奶。

香料
热带国家

在一些气温较高的国家，香料不仅用来调味，还有助于在炎热的环境中保存食物。

紫菜的秘密
日本

寿司外面包裹一层紫菜的吃法，要归功于一位英国女士——凯瑟琳·德鲁-贝克博士，是她发明了更加稳定的紫菜种植方法。时至今日，她在日本宇土市仍被尊为"海洋之母"。

茶叶的传说
中国

有关茶叶的起源有很多传说。其中一个传说是：达摩祖师为惩罚自己坐禅时睡着了，割下自己的眼皮扔在地上。于是，被掷到地上的眼皮后来长成了茶树。

神圣的洋葱
埃及

于古埃及人而言，洋葱一种神圣的蔬菜，甚至法老的陵墓中都有洋随葬。

象屎咖啡
泰国

世界上最昂贵的一种咖啡（据称也是最美味的咖啡之一）是用被大象吃掉后随粪便排出的咖啡豆制成的。

西瓜
非洲

西瓜瓤之所以是红色的，是"植物育种"的结果。经过精心培育，苦涩的绿瓤西瓜变成了美味的红瓤水果。

超级重要的盐

在古代和中世纪，盐的价值堪比黄金。如今，它既是一种调味品，也是重要的食品防腐剂，如用来腌制鱼干等。

发光的猪排
澳大利亚

2005年，有人被他们冰箱里闪闪发光的猪排吓坏了。研究表明，这种现象是由细菌引起的。

食谱。这道菜肴是将17只鸟相互塞在一起烤制而成的。

训鸭人
田纳西州，美国
美国田纳西州某酒店的一个员工，负责用手杖指挥着鸭子们在酒店大堂走秀。

冰山移动员
北极地区
当漂浮在海上的冰山距离石油钻井平台太近时，这些工作人员必须把冰山拖走。

裂缝修补员
南达科他州，美国
这项工作需要工作人员利用绳索从拉什莫尔山顶向下移动，去封堵总统雕像上的裂缝。

天鹅标记员
伦敦，英国
这位皇室官员的主要职责是提出天鹅的福利建议，并每年组织一次天鹅普查。

圣马可广场巡视员
威尼斯，意大利
这些管理员负责在著名的圣马可广场巡逻，时刻警惕着违规的游客。

椰子安全工程师
美属维尔京群岛
这是一项高得令人眩晕的工作，因为工作人员需要爬到椰子树上摘下那些可能有坠落危险的椰子。

冲浪犬教练
加利福尼亚州，美国
美国加利福尼亚州有一家宠物准入酒店，该酒店还专门设置了一个训练狗冲浪的职位。

树懒保育员
哥斯达黎加
从事这一职业的保育员可不能懒惰，因为树懒幼崽每天需要喂4次食。

斑马线协管员
玻利维亚
志愿者们身穿斑马服，用一种轻松愉快的方式让行人和驾驶员遵守交通规则。

机器人酒店
日本佐世保的海茵娜酒店，行李员、礼宾员等几乎所有服务人员都是机器人。酒店甚至还安排恐龙外形的机器人作为接待员。不过，这些机器人目前还无法做到为房客整理床铺。

许多高尔夫俱乐部都雇有**专业潜水员，**负责**打捞**掉入水中的**高尔夫球**。

专业的气味嗅探师负责测试美容产品的气味，

与动物相关的职业

世界上有许多特殊的职业是与动物相关的，有的是为了动物的利益，有的则是为了人类的利益。例如，品尝狗粮和训练动物拍电影等，都是些比较奇特的职业。有些与动物相关的职业还具有很大的危险性。

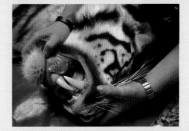

大型猫科动物的牙医，必须将手伸到狮子或老虎的嘴巴里才能检查它们的牙齿是否有问题。

提取蛇的毒液是一种可能危及生命却又非常重要的工作，因为治疗蛇咬伤的抗蛇毒血清是由蛇毒制成的。

专业试睡员
赫尔辛基，芬兰
一家酒店曾于2013年刊登了这一职位的招聘广告，要求入职者对酒店35间客房中的每一间都要试睡。

乐高搭建师
比隆，丹麦
只有少数人通过搭建出精彩的乐高积木而获得此职位。

鸵鸟保姆
南非
一岗位的重要职责是制止鸵鸟之间的斗殴。

采耳师
印度
这些从业者只需带着药棉和钢针，在德里街头寻找顾客。然而，这种夕阳行业正在慢慢地萎缩。

判断小鸡性别者
日本
辨别小鸡的性别可不是一件容易的事情。日本有一所专门培训这项工作从业者的培训学校。

专业哭丧者
中国
这些"演员"们通过戏剧性表达悲痛的方式，表现对逝者的哀悼。

专职搭便车者
雅加达，印度尼西亚
为了避开交通堵塞，有些司机愿意多搭载一名乘客，这样他们就可以在快车道上行驶了。

护岛员
汉密尔顿岛，澳大利亚
这一职业被奉为"世界上最好的工作"。护岛员的职责就是在岛上探险，宣传推广这座岛屿。

五花八门的职业

如果你觉得日常工作不适合你，就来看一下世界上各种五花八门的工作吧。这些工作，无论是服务性的，还是创造性的，抑或是实操性的，都不同于常见的朝九晚五的工作。

如检测香水或指甲油的味道、体香剂的效果等。

青蛙节
这是每年在美国路易斯安那州举行的节日。在为期3天的活动中，有青蛙跳、青蛙赛跑等各种比赛，还有青蛙节女王（人类）的加冕仪式。

圣火节
设得兰群岛，英国

滚奶酪节
格洛斯特郡，英国

UFO节（外星人节）
新墨西哥州，美国

柯拉裘节
卡斯特里略·德·穆尔西亚，西班牙

青蛙节
路易斯安那州，美国

伊夫雷亚狂欢节
都灵，意大利
在这个水果主题的节日上，人们相互投掷橘子。

萝卜之夜
瓦哈卡州，墨西哥

麻绳球节
明尼苏达州，美国
这是世界上最大的麻绳球的庆祝日。

水下音乐节
佛罗里达州，美国
潜水者们一边听着音乐，一边用仿制乐器假装弹奏。

火球节
内哈帕，萨尔瓦多
在火球节上，不同的参与队伍之间相互投掷火球。

阿尔贡古捕鱼节
阿尔贡古，尼日利亚
成千上万的参与者们需要在一个小时内比赛谁捕到的鱼最大。

伐木工人节
开普敦，南非
这是一个以投斧头、掷原木等"木材游戏"为主题的节日。

UFO节（外星人节）
每年，罗斯韦尔这个美国最具争议的不明飞行物坠落地，都会举办UFO节。至今，许多人仍认为1947年曾有不明飞行物在此地坠毁。

萝卜之夜
墨西哥人用雕刻萝卜的传统庆祝活动来为自己的农产品做宣传。

吟游诗人音乐会
丘布特谷，阿根廷
这个威尔士的文化节日已深深扎根在南美洲。

柯拉裘节
这个西班牙的节日又称作跳婴节。成年男子会装扮成恶魔（柯拉裘）从婴儿身上跳过去，以扫除婴儿身上的邪恶。

西班牙有许多诸如人们互掷西红柿、

圣火节

这个以维京海盗为主题的节日，在最高潮时将点燃一艘维京长船。这一传统始于1000年前维京人入侵英国北部设得兰群岛之后。

面具狂欢节
莫哈奇，匈牙利
人们戴着各种恐怖的面具来庆祝冬天的结束。

保宁泥浆节
大川海滩，韩国

猴子自助餐节
华富里，泰国

哭泣相扑节
东京，日本
在"婴儿哭泣比赛"上，相扑选手会用比较温柔的方式让婴儿哭泣，传说这样可以驱魔辟邪。

金雨鞋节
塔利镇，昆士兰州，澳大利亚
在这一节日中，人们会进行多种"雨鞋游戏"，以此赞美镇上的热带雨林气候。

奇特的节日

世界上的节日千奇百怪。一个麻绳球、一块奶酪、一双雨鞋都能成为人们出去玩儿一天的借口。此外，还有从婴儿身上跳过去、把婴儿弄哭等奇怪的传统仪式。

滚奶酪节

在英格兰格洛斯特郡库珀山上，选手们从一个陡坡向下狂奔183米，追逐一个奶酪轮。虽然有许多人会因此而受伤，但他们仍乐此不疲。获胜选手最终将拥有这块奶酪。

保宁泥浆节

数百万游客在韩国的泥浆节参与泥浆浴、泥浆滑梯、泥浆障碍接力等活动。这一节日也是对当地富含矿物质的泥制化妆品进行的一种宣传。

猴子自助餐节

在泰国的这个节日中，人们为镇上的2000只猕猴提供大量的水果、蛋糕和糖果。

葡萄、鸡蛋、面粉或蛋白糖饼的节日。

西海岸南瓜快艇赛
俄勒冈州，美国
身着奇装异服的参赛者划着巨大的南瓜做的船，在湖面上参加一系列古怪的比赛。

枕头大战联赛
多伦多，加拿大
在这种半开玩笑的半职业联赛中，女人们仅用枕头一决胜负。

滑凳
德国
参赛选手利用专门设计的凳子，来完成高难度的滑板动作和坐下动作。

怪兽大作战
波士顿，美国
选手们扮成各种各样的怪兽，进行激烈的模拟怪兽的战斗。

掰脚趾大赛
阿什伯恩，英国
这是一项类似于掰手腕的比赛，只不过将手换成脚趾。选手们每年都会来到英国小镇阿什伯恩，角逐这项运动的世界冠军。

国际象棋拳击
荷兰
在这项特别的运动中，选手们需要交替进行国际象棋比赛和拳击比赛。

乘坐独轮手推车到地狱之门
肯尼亚
肯尼亚地狱之门国家公园有许多不同赛程的独轮车比赛，举办这项比赛的目的主要是为保护区筹集资金。

足排球
巴西
这项半足球半排球的运动，可以在任何场地进行。当然，沙滩是最好的选择。

360球
南非
这是一项在圆形比赛场地上进行的球拍类运动。球员分成两队，需将球击入球场的中心盘。

最古怪的体育运动

一项好的运动，往往是集乐趣、刺激，甚至还有一点危险于一身的。接下来我们要介绍的这些古怪的运动，纯属疯狂的运动，如划南瓜船、扔牛粪等。

魁地奇球赛
这项深受小说人物魔法师哈利·波特喜爱的运动，已经在现实世界流行起来。两队选手们骑着扫把，追逐"金色飞贼"。不同的是，队员们无法像魔法师那样飞翔，只能两脚着地。"金色飞贼"也需要装在长筒袜中，由一名持球者带着跑。

每年4月的第一个周六，世界各地有成千上万

背媳妇比赛
芬兰
自1995年以来，芬兰每年都举办背媳妇世界锦标赛。

极限熨衣
这是一种高度危险的运动，因为该项目所选择的熨衣地点往往是很难完成熨衣或极度危险的地方，如在山顶熨衣、滑雪时熨衣或在快速行驶的船上熨衣等。

抢椰子
曼尼普尔邦，印度
这种7人制的球类运动，是介于橄榄球和足球之间的一种运动。

爬槟榔树比赛
印度尼西亚
这是印度尼西亚的一项传统体育运动。参与者需要爬到涂了油的槟榔树顶，才能拿到挂满树顶的奖品。

机器人骑手
中东
在中东的骆驼比赛中，轻量级机器人骑手正在慢慢取代人类骑手。

推倒棒子
日本
在这项危险的运动中，防守队员需要阻止进攻队员推倒本队的一根高3～4.8米的棒子。

月石投掷锦标赛
昆士兰州，澳大利亚
每年，澳大利亚内陆地区都会举办投掷这种特殊岩石的比赛。这种岩石虽然叫作"月石"，但并非来自月球。

双脚"划船"比赛
艾丽斯斯普林斯，澳大利亚
每年，澳大利亚北部地区的艾丽斯斯普林斯都会在托德河干涸的河床上举办双脚"划船"比赛。

潜水运动员已在水下进行过"极限熨衣"活动。

乡村运动会
北帕默斯顿，新西兰
在这个一年一度的乡村运动会上，运动员们参加的比赛包括滚木桶、掷牛粪、剪羊毛等。

火山口之路
夏威夷，美国
这条壮观的夏威夷公路，正好从熔岩区和火山口地带穿过。

卡皮林火山公路
新墨西哥州，美国
这条长3.2千米的道路沿卡皮林火山（死火山）盘旋而上。

白缘公路
犹他州，美国

特罗斯蒂根盘山公路
赖于马河，挪威
在这条长55千米的公路上共有11个U形急转弯。

林迪斯法恩堤道
林迪斯法恩，英国
这条古老的公路，一天中要被涨潮的海水淹没两次。

古瓦堤道
旺代，法国
这条堤道只能在退潮后通行。

温斯顿·丘吉尔大道
直布罗陀

D209公路
圣巴泰勒米岛，法国
行驶在这条道路上的汽车上方仅几英尺处就有飞机飞过。

斯泰尔维奥山路
南蒂罗尔与松德里奥，意大利
它是欧洲海拔最高的公路之一。令人恐怖的是，其全程有40多个急转弯。

北永加斯道
拉巴斯，玻利维亚

SC-390公路
巴西
这条狭窄而曲折的公路位于巴西南部的里奥-杜拉斯特罗山脉。

塞拉达莱巴路
纳米贝，安哥拉

萨尼山道
夸祖鲁-纳塔尔省，南非
这条公路的最高海拔路段可达2873米，是连接南非夸祖鲁-纳塔尔省和莱索托王国的道路。

白缘公路
这条位于美国犹他州的越野公路，长161千米，以其路边陡峭的悬崖和美丽的风景著称。

北永加斯道
这条长69千米的公路，位于玻利维亚，被誉为世界上最危险的道路。

温斯顿·丘吉尔大道
这条连接直布罗陀与西班牙的主干道，直接从直布罗陀机场的跑道上穿过。

长达**47958千米**的
泛美公路是世界上
最长的高速公路。

图例
下面的标识显示了道路极具危险的原因。

 有很多U形急转弯　　 受飞机影响　　 涨潮时被淹没　　 笔直的道路

 路边有陡坡　　 位于火山口附近　　 路面有陡坡

2009年，巴西圣保罗因交通信号灯故

巴布萨尔公路
加甘谷，巴基斯坦
这条位于喜马拉雅山脉上的公路，海拔最高处可达4175米，是加甘谷通往喀喇昆仑公路的要道。

仙境草甸公路
吉尔吉特-伯尔蒂斯坦地区，巴基斯坦
这条长16.2千米的砾石山路，路面仅有一辆汽车的宽度，且路边无护栏。

旧昆宜公路
云南省，中国
这条长度仅有2.1千米的山路，却有21处U形急转弯。

三级锯齿路
锡金邦，印度
这条位于喜马拉雅山脉上的道路，全程有100多处U形急转弯。

巴伊布尔特D915号公路
索安勒山，土耳其
道路旁令人恐惧的陡坡没有任何防护设施，这是该路真正令人毛骨悚然的原因。

16号公路
旁代尔，也门
这条位于也门中部的长达52.1千米的柏油路，有34个U形急转弯。

郭亮挂壁公路
河南省，中国

二十四道拐抗战公路
晴隆，贵州省，中国
这条位于中国西南地区的二十四道拐公路建于第二次世界大战前夕。

艾尔公路
澳大利亚
在澳大利亚南部的这条高速公路上，有一段该国最长的笔直路段（长145.6千米）。这很容易让司机入睡。

鲍德温大街
达尼丁，新西兰
这是世界上最陡的居民区街道，坡度高达19°。

船长峡谷路
南岛，新西兰

塞拉达莱巴路
这条位于安哥拉的山路，仅在10千米的范围内，海拔就下降了1845米。

郭亮挂壁公路
这条位于中国河南的险要道路，是沿着悬崖绝壁开凿出来的。

船长峡谷路
新西兰的这条长26.6千米的山路，是在山脉一侧的悬崖上开凿出来的。

危险的公路

如果你期望进行一次愉快而轻松的自驾之旅，请一定要避开下面这些道路——有的路旁是没有护栏的陡坡，有的有很多急转弯，有的在涨潮时被水淹没，有的位于火山口附近，有的则受航行飞机的影响……这些都是世界上最危险的道路。

障，造成300多千米的道路拥堵。

各地法律

每个国家都有自己的法律和法规，但有些国家的法律法规相较其他国家而言则有些特别。在这些不寻常的法律法规中，有的至今仍然有效，有的则已废止成为历史。

禁止杂耍
胡德里弗，俄勒冈州，美国
在这个美国小镇上，未获得执照的杂耍是被禁止的。

洗澡条例
怡陶碧谷，加拿大
在多伦多郊区的怡陶碧谷，人们洗澡时，浴缸内蓄水超过9厘米就属于违法行为。

冲厕所时间规定
瑞士
为避免打扰邻居，有些居民区规定晚上10点后禁止冲厕所。

穿鞋的安全
西班牙
在西班牙，穿人字拖或凉鞋驾驶汽车属于违法行为。

憋住
佛罗里达州，美国
在佛罗里达州，每周四晚6点后在公共场所放屁属违法行为。

禁止惯性滑行
墨西哥
在墨西哥，骑自行车的人在骑行时双脚离开脚蹬是违法的。

脚蹬发电
巴西
巴西有一座监狱，囚犯可以通过蹬一种特殊的可为城市照明提供电力的自行车为自己减刑。

一直跳下去
阿根廷
阿根廷的法律规定，其官方的探戈俱乐部里播放的探戈音乐必须多于其他类型音乐的播放总时长。

大自然属于所有人
瑞典的《自由通行权法》规定，人们可以进入该国所有的自然空间。除自然保护区外，人们可以自由地在任何地方露营，在任何湖泊中游泳，或在任何公园漫步。法律规定，设置"禁止入内"的牌子是违法的。

数百年前，土耳其曾规定，若丈夫无法

停车问题
芬兰
当地的警察曾被允许给任何非法停放汽车的轮胎放气。

洗车
俄罗斯
俄罗斯驾驶法规规定，驾驶脏兮兮的汽车上路属于违法行为。

禁止堆沙堡
埃拉克莱阿，意大利
这座位于威尼斯附近的小城规定，在沙滩上堆建沙堡属于违法行为。

家庭责任
中国
自2013年起，中国的法律规定"与老年人分开居住的家庭成员，应当经常看望或者问候老年人。"

冰激凌案件
在日本，将冰激凌放入他人的邮筒，最高可被判处5年徒刑。

照相许可
……得
……作得，拍摄照片必……须获得许可，否则是……违法的。

放风筝执照
印度
根据1934年的印度航空法案规定，放风筝是需要有许可证的。

敬礼！
中国
在中国贵州的黄平县，为了减少交通事故，学生们遇见车辆，都要停下脚步敬礼。

黏糊糊的脏东西
新加坡
为了保持街道干净整洁，城市内禁止销售口香糖。

被禁止的水果
印度尼西亚
在印度尼西亚，公共汽车、地铁、酒店和机场等场所都禁止携带榴梿。

露出头发
马达加斯加
该岛国一度规定，孕妇戴帽子属违法行为。

不要坐太近
南非
一条旧法律规定，身穿泳衣的年轻人坐在一起时，相互之间的距离不能少于30.5厘米。

法国城镇格朗维尔禁止**大象**进入海滩。

灯泡法
维多利亚州，澳大利亚
在维多利亚州，法律曾短期规定，只有专业电工才能换灯泡。

满足妻子对咖啡的需求，妻子可因此提出离婚。

国家芥末博物馆
威斯康星州，美国
这座博物馆收集了6000多种芥末，以及来自70多个国家的芥末纪念品。

小猪博物馆
斯图加特，德国
这座前身为一家屠宰场的博物馆，目前有25间展室，陈列着各种与猪有关的物品。

狗项圈博物馆
肯特郡，英国
这座博物馆藏有15～20世纪一系列华丽的宠物饰品。

堪萨斯铁丝网博物馆
堪萨斯州，美国
这是一座专门收藏铁丝网的博物馆。铁丝网在美国也被称为"魔鬼的绳索"。

吸血鬼博物馆
巴黎，法国
这座地处巴黎的博物馆，收藏了许多与吸血鬼有关的物品，如十字弓、面具、猫木乃伊等。

国际香蕉博物馆
加利福尼亚州，美国
这座博物馆收集了2万多件与香蕉有关的制品，从玩具、袜子到肥皂、香水，应有尽有。

加拿大马铃薯博物馆
爱德华王子岛，加拿大
这座农业博物馆以展示马铃薯为主，与马铃薯种植相关的农具和世界上最大的马铃薯雕塑是该馆的特色。

化石博物馆
莱瓦镇，哥伦比亚
这是一座围绕着一只身长7米、生活在1.15亿年前的克柔龙化石而修建的博物馆。该恐龙化石发现于1977年。

别出心裁的博物馆

全世界有大约
5.5万座
博物馆。

如果厌倦了旅行，或厌烦了海滩度假，那么，换一种方式，去看看那些专门展示稀奇古怪物品的展览吧。有些博物馆热衷于收藏奇怪的物品——无论是带刺的铁丝网，还是厕所，这些都足以满足人们的好奇心。

外观奇特
在世界上那些稀奇古怪的博物馆中，除了藏品奇特的博物馆外，还有些博物馆的建筑外观也同样夺人眼球。

🔘 **艺术馆**
这座位于奥地利格拉茨的现代术画廊被称作"生物存在式建筑"，意思是，它是根据生物形态建造的。

2017年，一枚重达100千克、价值360万

尤里·德托克金汽车偷盗博物馆
莫斯科，俄罗斯
这座以20世纪60年代一部电视喜剧片中一个专偷汽车的角色之名命名的博物馆，回顾了俄罗斯最常见的一种犯罪活动的历史。

苏拉伯国际厕所博物馆
新德里，印度
这座博物馆展现了人类厕所4500年的演变历史。

中国西瓜博物馆
北京，中国
这座水果博物馆紧邻世界最大的西瓜产区之一。

泰迪熊博物馆
济州岛，韩国
这座博物馆内设有一个艺术厅，厅内用泰迪熊创作了各种名画的模仿秀，如《蒙娜丽莎》等。

阿瓦诺斯头发博物馆
阿瓦诺斯，土耳其
在土耳其阿瓦诺斯的一个陶艺馆洞穴的墙壁上，收藏了1.6万多名女性的头发。

奇石馆
埼玉县，日本
这座博物馆有1700多种罕见矿石的展品。其奇特之处在于，许多矿石看起来像某个名人肖像或宗教圣像。

白利露天矿博物馆
白利，南非
座用19世纪的一个采矿镇改造的露天矿博物紧邻一个深215米的钻坑。

古晋猫博物馆
古晋市，马来西亚
在马来语中，"kucing"是猫的意思。古晋(Kuching)这座名称与"猫"的拼读近似的城市，有一座猫博物馆，馆内收藏了4000多件猫的雕塑工艺品和其他相关艺术品。

假冒商品博物馆
曼谷，泰国
这个博物馆位于一家律师事务所内，展品约4000件，意在警示世人"假货和伪造品必定败露"。

国家羊毛博物馆
吉朗，澳大利亚
这座博物馆位于曾被誉为"世界羊毛中心"的城市，展示了澳大利亚羊毛纺织的历史。

奇幻工厂
这个位于美国奥兰多的景点，说原是百慕大三角的一个科学实室。

奥斯卡·尼迈尔博物馆
这座位于巴西库里蒂巴市的外形像眼睛的博物馆，是以该建筑设计师的名字命名的。

袜子世界
霍基蒂卡，新西兰
这家袜子商店内陈列了一些被认为是独一无二的圆袜织机藏品。

英镑的金币在德国柏林博德博物馆被盗。

精灵学校
雷克雅未克，冰岛
这所学校专门教授学生有关民间传说中的"隐形人"（精灵和仙女）的课程。

格雷魔法学校
加利福尼亚州，美国
这所学校不仅教授施咒法、魔杖制作与炼金术等，也教授一些常见的课程，如历史和音乐等。不过，这些课程都与"魔法"相关。

乔布斯学校
阿姆斯特丹，荷兰
这是一所提倡自主学习的学校。学校鼓励孩子们效仿史蒂夫·乔布斯（苹果公司的创始人）通过在父亲的车库中修理装卸零件来提高技能的学习方式。

汉堡大学
伊利诺伊州，美国
自1961年美国快餐连锁店麦当劳建立这所大学以来，已有8万多名学生在该校获得了餐厅管理资格。

查尔斯·霍华德圣诞老人学校
密歇根州，美国
每年，这所世界上最古老的圣诞老人学校都会开设周末班，专门培训与圣诞老人相关的内容，例如圣诞老人服装、驯鹿习性及玩具愿望清单等。

马科科漂浮学校
拉各斯，尼日利亚
这所建在拉各斯潟湖一个漂浮平台上的学校，仅存续了3年，就被2016年的一场暴风雨摧毁了。

河床竞技俱乐部学院
布宜诺斯艾利斯，阿根廷
这是一所以体育为教育中心的，综合了小学、中学和大学教育水平的学院，由阿根廷最成功的足球俱乐部河床竞技俱乐部经营。

不同寻常的学校

说起非常规的教育，没有比本页地图中所列学校和课程更加不同寻常的了。它们中有的是因为课程设置独特，有的则是因为学校建筑或地理位置不同寻常。

古路村小学
这所位于中国四川省雅安市汉源县的小学，建在了悬崖绝壁的半山腰。学生们需要通过悬崖上开凿的山路才能抵达学校。山路最狭窄的地方仅有41厘米宽。2011年，古路村小学全部学生就近迁入其他小学就读，这所学校结束了其办学历史。

坐落在中国四川的成都石室中学，其历史可追溯

无性别幼儿园
斯德哥尔摩,瑞典
在这所幼儿园里,孩子们好恶观的养成可以不受性别的影响。没有人被用"她"(she)或"他"(he)来指称,每个人都用"大家"来称呼。

游牧学校
萨哈(雅库特)共和国,俄罗斯
在俄罗斯西伯利亚的萨哈(雅库特),共有13所随牧鹿人迁徙的学校,其中受教育的儿童约有180名。

基辅马戏团和综艺学院
基辅,乌克兰
这所学校不仅仅是一所"小丑学校",自1961年起,它也教授音乐、戏剧及马戏艺术等课程。

驭蛇术学校
古吉拉特邦,印度
瓦蒂部落是一个传统的驭蛇部落。部落里的儿童从两岁起就开始学习驭蛇及照料蛇的技能。

移动学习
巴基斯坦
这是联合国的一个项目,目的是让女孩子在家通过手机接受教育。

绿色学校
巴厘岛,印度尼西亚
这所学校的学生们主要学习如何保护环境。

瑞士的**罗塞学院**是全球最贵的学校,一个学生每年的学费高达**8.6万英镑**。

空中学校
艾丽斯斯普林斯,澳大利亚
这是专门为生活在偏远地区的儿童开设的学校,通过互联网授课。以前是用对讲机授课的。

图例
地图中图片的边框颜色用以区别正式的学校、大学,以及夜校等非正式的教育机构。

学校
大学
非正式教育机构

到公元前141年,是世界上历史最悠久的学校。

上下颠倒的教堂
卡尔加里，加拿大
这座上下颠倒的教堂雕塑，只有教堂的尖顶着地。2014年该教堂被拆除。

倒插在房顶上的鲨鱼
牛津，英国
1986年，当地的人们一觉醒来惊讶地发现，这座房屋的顶部嵌入了一条由玻璃纤维制成的大鲨鱼。这件雕塑叫作"黑丁顿鲨鱼"，长约7.6米。

大人头雕塑
夏洛特，美国
这是由多个可移动的部件组成的钢结构雕塑。这些部件组合在一起，就会构成一个巨大的人头。

被钉的头
戈斯拉尔，德国
这个钉满了钉子的头部雕塑，位于德国戈斯拉尔的市政厅前。

跳舞的小丑
洛杉矶，美国
这是一个一半为芭蕾舞者、一半为小丑形象的雕塑，位于洛杉矶威尼斯海滩附近的一座建筑前，至今已有30年历史。

海底世界
在墨西哥坎昆的加勒比海水下8米处，有一个奇异的海底世界。英国雕塑家贾森·迪凯雷斯·泰勒制作的500多件雕塑被放置在海底。最终珊瑚会在这些雕塑上生长并形成新的珊瑚礁。

救我出来！
阿塔卡马沙漠，智利
在阿塔卡马沙漠有一个矗立在沙地上的高11米的巨手雕塑。

活的雕塑
2013年，加拿大蒙特利尔植物园在一次园艺大赛中收到了一些不同寻常的雕塑。它们是用不同颜色的植物制作而成的，如大地精灵、鸟类、狐猴和大猩猩等。

在土耳其的卡帕多西亚有大量奇特的

"猪嘴鸭"雕塑
图尔库，芬兰
这是位于芬兰图尔库大学附近的一个奇怪生物的雕塑。
它是一个杏仁糖形状的小猪和一个橡皮鸭的混合体。

融化的母牛
布达佩斯，匈牙利
2006年，这头亮蓝色的母牛雕塑在匈牙利布达佩斯展出。它看上去就像一根在人行道上慢慢融化的巨型冰棍。

接吻的恐龙
二连浩特，中国
在内蒙古的一条高速公路两侧，有两座巨大的雷龙雕塑，呈伸展长颈互相亲吻状。这一地区曾发现过许多恐龙化石。

变形金刚
北京，中国
这座雕塑是电影《变形金刚》中擎天柱的形象，高10米，位于北京奥林匹克森林公园附近。它是用报废的汽车和废金属制成的。

巨婴雕塑
维沙卡帕特南，印度
在印度维沙卡帕特南的海滩上有许多雕塑。这座高3.5米的巨婴雕塑就是其中之一。

奇怪的雕塑

雕塑并不都是在博物馆和美术馆里展出，世界各地的街道或广场上也有很多，其中不乏造型怪异的雕塑。

倒立
墨尔本，澳大利亚
这座矗立于拉特罗布大学内的倒立的查尔斯·拉特罗布雕像极富争议。

岩雕。岩雕照片适合在空中拍摄。

水琴
加拿大
演奏者用手指按住键盘上的喷水嘴，水琴就会发出乐声。

丑杖
纽芬兰，加拿大
这种乐器通常由拖把、铃铛和锡罐改造而成，演奏者通过晃动杖身产生击打声。

冰雕乐器
挪威、瑞典
这些冰冷的乐器每年都是在音乐会现场制作的，并且是在演出的前一刻才被打磨成最终的形状。

阿尔卑斯长号
瑞士
这是一种传统的大长号。牧民们曾用它从牧场召回需要挤奶的奶牛。

乌德博特
美国
这是一种用瓶子和橡胶手套制成的奇怪乐器，演奏者对着瓶口吹气的同时用手挤按指套中的水来改变音调。

克里萨利斯
美国
这种乐器的圆形设计灵感来自古代阿兹特克人著名的"历法石"，它所发出的声音像风声一样。

口弓琴
非洲
弹奏者将这种古老的弓的一端含在口中，同时用手拨动弓弦，从而产生共鸣音（低沉的声音）。

卡洪鼓
秘鲁
这种简易的单孔木箱，是当地人的一种打击乐器。

另类乐器

自古至今，世界各地的音乐家们已经发明了许多非凡的乐器。有的乐器发出的奇怪声音对你而言可能不是音乐，但是，这些乐器演奏出来的曲子肯定会在世界某个地方找到它的听众。

动物乐师
泰国大象乐队中的大象们能用它们的鼻子演奏各种各样的打击乐器。它们甚至还出过几张专辑。

有些沙丘也会唱歌！当沙粒从沙丘上滑落时，

哗啷棒
俄罗斯
这种木板制成的乐器在俄罗斯民间音乐中很流行。

特雷门琴
俄罗斯
演奏这种乐器时，演奏者无需用身体接触乐器。当演奏者将手放在天线上方时，它就会发出像恐怖电影的背景音乐那样怪异的声音。

俄罗斯木勺
俄罗斯
这种乐器容易被误认为是普通的餐具，然而这种用硬木制成的彩勺是用来演奏具有节奏感的音乐的。

呀依巴哈
土耳其
呀依巴哈是弦乐器和打击乐器的混合体，可以用多种不同的方式演奏。

回擦胡
日本
演奏这种乐器时，演奏者在转动一个小曲柄的同时，用手指拨动两根琴弦。这种实验性乐器类似于小提琴。

笙
中国
大多数的笙由17根笙苗（竹管）和笙斗、笙簧等组成。它是中国最古老的乐器之一，其历史可追溯至公元前1401～前1122年。

马比拉琴（拇指钢琴）
非洲东部与南部
这种古老的非洲乐器上有许多金属条，弹拨时能发出不同的音调。

鼻笛
菲律宾
不同于一般用嘴吹奏的笛子，鼻笛是利用鼻孔的气流吹奏的。

铁丝网
澳大利亚
音乐家乔恩·罗斯可以用琴弓在一个完全不像乐器的铁丝网上演奏乐曲。他曾在世界各地许多不同的铁丝网上展示过他的绝技。

📍 **蔬菜乐队**
这是一支来自于奥地利的乐队。他们用新鲜的蔬菜制作乐器。他们的音乐会不仅会给听众带来美的享受，演出结束后，听众还可以品尝到新鲜的蔬菜汤。

沙粒之间相互摩擦，从而产生类似哼唱的声音。

加拿大
加拿大百岁老人的人口比例与美国相当：占其总人口的0.02%，约为7000人。

北美洲

法国
欧洲百岁老人最多的国家是法国：约2万人，占其总人口的0.03%。法国也是欧洲百岁老人人口比例最高的国家。

美国
美国是世界上百岁老人（6.2万人）最多的国家。

南美洲

巴西
巴西约有1万名百岁老人，是南美洲百岁老人最多的国家。其百岁老人数量约占南美洲百岁老人人口总和的三分之一。

百岁老人之国

乌拉圭
乌拉圭是南美洲百岁老人人口比例最高的国家，其百岁老人约有1000位，占国内总人口的0.03%。

全世界大约有43.4万百岁或百岁以上的老人（大约占全球总人口的0.006%）。这幅地图主要列举了六大洲百岁老人数量最多或人口比例最高的国家。

全球高收入国家的人口数量仅为世界总人口的16%，但这些

意大利
在欧洲，意大利百岁老人的人口数量紧随法国之后，约有1.7万人，占其总人口数量的0.029%。

世界老将田径锦标赛

运动不是年轻人的专利。世界老将田径锦标赛是专为35岁以上的人群举办的，并设有100～104岁年龄组（M100）及105岁以上年龄组（M105）的比赛。

下川原孝创造了M100年龄组标枪世界纪录（12.42米）。这个纪录是他在101岁时创造的。

欧洲

亚洲

日本
虽然日本的总人口数量还不到中国总人口数量的十分之一，但它是亚洲百岁老人最多的国家，共有5.8万人。中国约有5.1万人。

非洲

亚洲
亚洲百岁老人的人口数量是各大洲中最多的：约有19万人。

大 洋 洲

年龄最大的人

法国的让娜·路易斯·卡尔曼特保持着最长寿世界纪录。她于1997年去世，当时她的年龄为122岁零164天。

非洲
非洲百岁老人的总数量约为4000人，非洲各国的百岁老人数量都不多。阿尔及利亚、埃及和南非各有百岁老人约1000人，其余1000人主要生活在东非地区。

澳大利亚
澳大利亚百岁老人的人口数量（约4000人）与百岁老人的人口比例（0.02%）均居大洋洲之最。

国家百岁老人的数量却占世界百岁老人总数量的57%。

历史

被遗弃的阿拉斯加
并不是所有的历史都是古老的。在矿业繁荣时期，美国阿拉斯加肯尼科特等数百个城镇一度蓬勃发展，被废弃的时间不足百年。

卡拉尼什巨石阵
刘易斯岛，英国
这座呈十字形的巨石阵建造于公元前3000年左右。

纽格莱奇墓
米斯郡，爱尔兰
这是一座通道式的大型坟墓，建于公元前3200年左右。

卓姆贝格石圈
科克郡，爱尔兰
这是一座建于青铜时代的石圈，迄今约有2000年的历史。

橡树"巨石阵"
诺福克郡，英国
这个位于海滩上由橡树树干围成的圆形阵列，约有4000年的历史了。

门加巨石墓
安达卢西亚自治区西班牙
这座长25米的巨石建于公元前3000年，是欧洲最大的巨石建之一。

卡纳克巨石遗迹
布列塔尼，法国

巨石阵
威尔特郡，英国
这座约建于5000年前的巨石阵是世界上最著名的巨石遗迹之一。

阿芬顿白马
英格兰，英国
这是雕刻在山坡上的一幅长110米的白马图案，迄今约有3000年的历史。

布莱斯凹雕
加利福尼亚州，美国
此处凹雕于荒漠地表的人类和动物形状的图像，其历史可能长达2000年。

奥尔梅克巨石头像
墨西哥
这些巨石头像是在墨西哥最早的伟大文明时代——奥尔梅克文明时期雕刻的。

梅诺卡岛T形巨石遗迹
巴利阿里群岛，西班牙
公元前3000～前1000年，这些巨石就竖立在这里了，用途不明。

塞内冈比亚石圈
冈比亚与塞内加尔交界处冈比亚河流域的一处圣地内有多个巨型石圈。

太阳石
巴西
迄今为止，人们在亚马孙热带雨林中已发现了数百个这种石头堆砌结构。

帕拉卡斯烛台
皮斯科，秘鲁
这幅神秘的地画位于沿海的一座山丘上，长度高达183米。

阿塔卡马巨人
瓦拉，智利北部
这幅长达119米的巨型神像，被深深地刻在了地面上，据说约有1000年的历史。

📍 地画

地画是人类最古老的艺术形式之一。这些雕刻在大地上的巨型图像，包括人形图像、动物图像等，此外还有许多无法解释的图像。

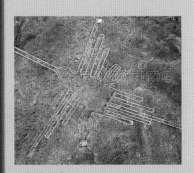

纳斯卡线条
在秘鲁的纳斯卡沙漠中，人们已发现大约370幅地画，其中包括一幅93米长的蜂鸟图案。

有些**石圈**可能是当时的人类用来**研究夜空**的工具。

英国巨石阵的一些巨石是建造者们

巨石文化

地球上一些最古老的史前人造建筑遗迹是用巨石建造而成的，我们称之为巨石文化。在世界各地的巨石文化中，有的巨石排列成圆圈，有的排列成行，还有的则修建成陵墓。

卡纳克巨石遗迹

法国布列塔尼地区的列石是世界上最大的巨石群。这一排排的石头共有3000多块，有些巨石的历史可以追溯到公元前4500年。

高加索人的史前支石墓
高加索地区，俄罗斯
在整个高加索山脉散布着大约3000座用切割精确的石块垒成的支石墓。

龙游石窟
浙江省，中国
龙游石窟是在砂岩山丘上开凿出来的地下巨型石窟群，石窟内的岩壁上有大量石刻。

江华岛支石墓
仁川，韩国
这个地区大约有120座石墓，其历史可追溯到公元前1000年。

罗瑞林都
苏拉威西岛，印度尼西亚
在这座位于印度尼西亚境内的岛屿上，有400多块花岗岩巨石，其中有些巨石是人类的形象。

未完成的方尖碑
阿斯旺，埃及
这座全世界已知最高的方尖碑，位于一个采石场内，如果竖立起来可能高达42米。

喀拉拉的支石墓
喀拉拉邦，印度
印度的喀拉拉邦有数百个石墓室，可能已有2000多年的历史。

巨石组
布阿尔，中非
在中非布阿尔市的周边地区，人们发现了70多组可追溯至公元前1000年的巨石文化遗迹。

巨石文化

虽然史前人类建筑师的工具很原始，但他们拥有令人惊叹的建筑技巧与伟大创意。他们创造的巨石遗迹与地画已存在数千年，甚至还影响着许多现代艺术家。

马里人
南澳大利亚州，澳大利亚
地面上这个手持棍棒的人像，长约4千米，大约创作于1998年。

从200千米外威尔士境内的一座山上搬运来的。

肯尼科特
阿拉斯加州，美国
建于1903年的肯尼科特镇，生产加工了价值近2亿美元的铜，却在1938年被废弃。

图例
地图中每幅图片的边框颜色用来表示城镇被遗弃的原因。

曾经的矿业城镇　　战争

自然灾害　　人为灾祸

格拉讷河畔奥拉杜尔村
法国
这座法国村庄于1944年6月遭纳粹血洗后，就一直保持原样。

班芮克
蒙大拿州，美国
这座淘金小镇曾经拥有近万人口，然而在20世纪70年代最后一批居民也离开了。

博迪
加利福尼亚州，美国
19世纪七八十年代，博迪曾经是一个蓬勃发展的淘金小镇。到1915年时，它却被贴上了鬼城的标签。

圣胡安帕兰格里库提诺
墨西哥
1943年，这个村庄被熔岩覆盖，只剩下一座被掩埋了一半的教堂。

圭拉
西撒哈拉地区
1975年，毛里塔尼亚军队入侵西撒哈拉地区南部，当地居民从城中撤离。这座西班牙殖民城市也从此变成了鬼城。

亨伯斯通
智利
这里曾是阿塔卡马沙漠中最大的硝石矿区之一。然而，半个多世纪以来已无人在此居住。

普利茅斯
蒙特塞拉特，英国
20世纪90年代，这座火山岛的火山爆发产生的大量火山灰吞没了蒙特塞拉特的首府普利茅斯。1997年，这座城市被完全废弃。

被遗弃的城镇

世界上有许多被遗弃的地方。有些城镇是因为自然灾害或战争导致人口迁移而遭到遗弃，还有成千上万的城镇是因为经历了短暂繁荣后的萧条而被废弃。

加州淘金热！
美国加利福尼亚州一共有大约4.7万个废弃矿山。当某一地被发现有黄金后，人们便如潮水般涌来寻找财富。然而，当人们发现很难淘到金子后，便关闭矿场，再转移到下一个地点淘金。

位于加勒比海域蒙特塞拉特岛上的普利茅斯是世界

普里皮亚季
乌克兰
1986年，切尔诺贝利核电站核泄漏灾难发生后，这座城市被宣布为具有放射性的危险地区，2.4万年内不适宜人类居住。

卡德克昌
马加丹州，俄罗斯
这是一座在第二次世界大战期间由囚犯建造的煤矿小镇。2010年，官方正式宣布这座煤矿小镇为空城。

羽岛
日本
这座岛屿以其水下煤矿而闻名。1974年，煤矿关闭后，居民们撤离了该岛。

阿格达姆
阿塞拜疆
1993年，阿格达姆被亚美尼亚军队占领。城里的4万居民全部逃走，再也没有返回。

克拉科
意大利
连串的地震和山滑坡让这个意大利南部山城不再适宜居住。

波哥山城
柬埔寨
这里曾是一个豪华的度假胜地，也是法国殖民者的休养场所。20世纪70年代因战争而废弃。

达洛尔
埃塞俄比亚
这里曾是一个繁忙的矿业小镇，也是世界上最炎热、最偏僻的地方。20世纪50年代，这个定居点被遗弃。

特努什戈迪
印度
1964年，这座小镇被一场飓风摧毁，自此再未重建。

威特努姆
澳大利亚
这里曾是澳大利亚唯一的蓝石棉矿场所在地。1966年，矿场关闭后，这里的居民也陆续迁走。

📍 玩偶村
日本的奥祖谷村是世界上人口数量逐渐减少的众多村庄之一。当这个村子里的村民去世后，人们会制作一个真人大小的人偶来代替他/她。

科尔芒斯科普
纳米比亚
1908年，人们首次在这里发现钻石矿。1956年，这座小镇被废弃。

上唯一一座虽然被毁但仍作为一个地区首府的鬼城。

猪之战争，1859年
圣胡安群岛，美国
英国人饲养的一头顽皮的猪吃了美国人的马铃薯，从而引发了一场短暂的边界争端。

猪肉炖豆战争，1838～1839年
缅因州，美国
据称，这场持续了近一年的领土争端得名于驻扎在那里的士兵口粮（猪肉炖豆）。

三百三十五年战争
锡利群岛，荷兰、英国
这场所谓的战争开始于1651年，是荷兰人与英国内战中撤退到锡利群岛的一派之间的对抗。双方并没有开火。1986年双方才签署和平条约，宣告战争结束。

糕点战争，1838～1839年
墨西哥
一家法国糕点师的面包店遭到抢劫后，墨西哥政府拒绝给予赔偿。法国政府因此而发动了战争。

詹金斯的耳朵战争，1739～1742年
加勒比海
英国船长罗伯特·詹金斯声称西班牙海岸警卫队员割掉了他的一只耳朵，两国因此发生了小规模冲突，并最终引发奥地利王位继承战争。

足球战争，1969
洪都拉斯
一场紧张的萨尔瓦多和洪都拉斯之间的世界杯预选赛成为两国敌对的原因之一。在比赛结束仅18天后，两国间爆发了战争。

奇怪的战争

在**猪之战争**中，并没有**任何人**受到害——只是引发战的**猪**被**枪杀**了。

战争可能并不会让人觉得奇怪，但有些战争爆发的原因却疯狂到让人怀疑是否值得为之付出代价。历史上，有许多愚蠢的战争始于某些奇怪的原因，或在某些奇怪的情况下结束。

旋翼吉普
战争可以促使一些奇怪的发明诞生。在第二次世界大战期间，英军设计了一种可以飞行的吉普车，叫作旋翼吉普。其设计初衷是为了将吉普车运输到战场上。

1866年，列支敦士登派出80名士兵参战，

奥特里伊之战，公元前74年
今土耳其
在第三次米特拉达梯战争期间，古罗马将军卢库鲁斯被派遣攻打本都王国。交战双方因为看到从天而降的陨石而同时逃离了战场。

特塞尔之战，1795年
荷兰
战争期间，荷兰的一支舰队因水面结冰被困。一队法国骑兵在冰面上与战舰展开了对抗。

寻狗之战，1925年
保加利亚
一名想追回自己狗的希腊士兵在穿越保加利亚边境时被枪杀。一场导致50多人死亡的战争因此而爆发。

橡木桶之战，1325年
意大利北部
摩德纳公国的士兵偷走了邻邦博洛尼亚的一只橡木桶。于是自负的博洛尼亚人为抢回橡木桶而出兵宣战。

哈利卡那索斯围城战，公元前334年
今土耳其
这次袭击的诱因是两名醉酒的士兵为了证明谁是最勇敢的人而独自去爬城墙攻城。

英桑战争，1896年
桑给巴尔岛，坦桑尼亚
这是一场被人们称为有史以来最短暂的战争。英国命令桑给巴尔苏丹放弃王位，遭到了拒绝，于是英国人摧毁了王宫。这场战争仅持续了40分钟就宣告结束。

鸸鹋战争，1932年
西澳大利亚州，澳大利亚
这是一场人类与鸟类之间的奇怪战争。由于鸸鹋毁坏了庄稼，人们拿起了武器，但只捕杀了不到1000只。最终，鸸鹋们自动离开了。

却回来了81人，因为他们还带回来一位朋友。

填充材料
欧洲，16世纪
男人们用这种由马尾、羊毛或锯末做成的填充材料来垫宽衣服的肩部，撑起衣袖，使马裤膨起。

帽上的长尾
欧洲，中世纪
这种从兜帽后面垂下的布尾管可能有1米长。

克拉科夫鞋
欧洲，14~15世纪
这种鞋子以其原产地波兰城市克拉科夫的名字命名。有的鞋子鞋尖太长，不得不用细链子挂在裤子的膝盖处。

白面妆
英格兰，16世纪
伊丽莎白时代，妇女们为了效仿女王苍白的脸色，使用一种毒性很强的白色铅膏化妆。

布里奥
欧洲，12世纪
这种带有下垂袖摆的长袍并不实用，衣服上的褶皱多达数百个。

拔睫毛
欧洲，15世纪
15世纪时，欧洲以大大的额头为美，于是女士们便拔掉自己的眉毛和睫毛来突出自己的额头。

高底鞋
意大利威尼斯，16世纪
这种拖鞋的鞋底很高。贵妇们即使走在泥泞的街道上，也不会弄脏衣服。

裙撑
欧洲，18世纪
裙下巨大的圆箍将女士的裙摆撑得很宽大，有的甚至都无法通过房门。

穿罩衫的王后
法国，18世纪
玛丽·安托瓦妮特王后穿的这件朴素的长裙令世人震惊。因为它看上去更像一件平民穿的贴身罩衫，而不像王后的服装。

西班牙时装
欧洲，16世纪
许多国家都在效仿当时十分有影响力的西班牙时装，如斗篷、紧身胸衣、轮状皱领，以及传统马甲等。

高耸的假发
高耸的假发是十七八世纪欧洲的时尚之最。通常这些装饰着珠宝、散发着香水味、扑着粉的假发高达1.2米，是用农民或囚犯的头发制成的。

有的古代美容方法使用让人难以想象的材料——

蹙眉
中国，公元前3世纪
许多女性会将自己朝眉心一端的眉毛画成上翘的形状。

腰垫
纽约，美国，19世纪70~90年代
裙子里添加的衬垫可以突出女性腰部和臀部。

蹒跚裙
美国，1900~1910年
这种下摆收窄的裙子限制了步幅。

梳子形头饰
南美洲，19世纪20~40年代
这种巨大的发梳是当时富裕的城市女性戴在头上的饰物。

发锥
古埃及
人们头顶上的圆锥形发蜡，在高温下会融化，从而让佩戴者的头发上散发出香味。

黑齿妆
日本，8~19世纪
一些日本女性将自己牙齿染成黑色，使之与自己的白面妆形成鲜明对照。

莱棕帽
澳大利亚，19世纪
这是澳大利亚最早的一种帽子，由莱棕树的叶子编织而成。

纨绔子弟装
欧洲，18世纪
年轻的英国贵族经常过度地模仿意大利的时装，因此这群人被称作"纨绔子弟"。

欧洲女性是从
19世纪才开始
穿短衬裤的。

一字眉
古希腊、古罗马
两侧的眉毛连在一起形成的一字眉被认为是一种纯洁的象征。当时，人们大多使用山羊毛伪造一字眉。

过去的美

纵观历史，先人们的穿着打扮，有的华丽夺目，有的极其怪诞，甚至他们使用的许多化妆品都是致命的。这些昔日的时尚和美容潮流与当今时尚杂志引领的时尚潮流相去甚远。

粪便。例如，古罗马人用鳄鱼粪敷脸美白。

护发
英国，1654年
一本17世纪的英国医学手册
曾建议使用鸡粪治疗秃顶。

番茄酱
美国，19世纪30年代
最初，番茄酱是作为药品销售
的。因为番茄富含各种维生素，
所以曾被宣称可治疗腹泻、消化
不良等各种病症。

怜悯药粉
欧洲，17世纪
人们曾认为，将这种药粉涂抹在武
器上，可促进伤口愈合。

出牙期疼痛药
美国，1849年至20世纪30年代
这是一种治疗婴儿出牙疼痛的药物。有些婴儿
服用了温斯洛夫人的舒缓糖浆后再也没有醒过
来。这种药物含有酒精和吗啡。

如厕
美国，17~19世纪
最初来到美洲的殖民者用干的玉米
芯或苞叶作厕筹。这已经比贝壳等其
他类型的厕筹柔软多了。

颅骨环锯术
世界各地，始于公元前7000年
史前时期，在头颅上直接钻孔是很普遍
的治疗方式。当时的人们认为，这样做
可以缓解大脑压力。

民间疗法
南美洲
印加文明时期，通过
唱诵圣歌辅以草药治
病的民间医生被称作
巫医。

19世纪时，一位普鲁士
外科医生曾尝试用
割掉部分舌头的方法
来治疗口吃。

水蛭吸血法
将这些吸血动物作为治病工具，
已经有2500多年的历史了。人们
一度认为，这种方法可以去除人
体内的坏血。这种方法当今仍在
某些手术中使用。

许多古罗马医生同时也是为皇帝

圣歌疗法
斯堪的纳维亚，700~1000年
维京人相信如尼文具有某种力量，他们使用圣歌和符咒为自己消灾祛病。

吃泥土
欧洲，公元前500年至19世纪
希腊利姆诺斯岛上的黏土块曾经被当作许多疾病的治疗药物。这些黏土被盖上印信后再分发到欧洲各个地方。

寻求永生
中国，公元前259~公元前210年
中国的皇帝秦始皇不顾一切地寻求长生不老之法，于是服用含有汞的丹药——这种有毒物质可能导致了他的早亡。

牙齿蠕虫
在现代牙医了解蛀牙背后的真正原因之前，人们曾认为，是生活在牙齿内部的小蠕虫造成了牙齿疾病，并将所有的牙痛都归结于蠕虫的蠕动。

尿液疗法
印度，始于远古时代
古印度的宗教典籍记载有关饮用自己的尿液用以保健的内容。

不同寻常的膏药
古埃及
用各种动物粪便制成的药膏是古埃及重要的治病药物之一。

木乃伊入药
阿拉伯半岛、欧洲，16~18世纪
被碾碎的埃及木乃伊遗骸曾经被当作很多药水和药膏的原料。

象胆
古代中国
中国的传统医学将大象的胆汁入药，认为用它漱口可以去除口臭。除此之外，大象的胆汁还有清肝、明目等功效。

风湿病的治疗
澳大利亚，19世纪
一名伊登镇男子的经历让人们认为在死鲸体内爬行有助于缓解关节疼痛。

历史上的卫生保健

从前，医生所采用的疯狂疗法对人的健康造成的危害实际上大于帮助。因为，有些疗法很不卫生，有些根本就是骗人的，甚至是危险的。

除掉政敌（投毒）的杀手。

缅因硬币
缅因州，美国
这枚在缅因州发现的制作于1065~1080年间的挪威硬币，证明了维京人到达美洲的时间要比克里斯托弗·哥伦布早500年。

神秘的石头
新罕布什尔州，美国
这块不寻常的石头上雕刻着古老的具有象征意义的图案和符号。其年代、雕刻目的以及来源，至今仍不为人所知。

罗马十二面体
欧洲大陆
欧洲大陆至今共出土了大约100个罗马十二面体。罗马人到底用它来做什么，至今仍是一个谜。

特卡克斯克–卡利斯特拉瓦卡头像
墨西哥
这个发现于1933年的陶制头像似乎来自古罗马。它为什么与15~16世纪早期阿兹特克人的手工制品埋在一起，这是一个谜。

金巴亚小雕像
哥伦比亚
这是制作于300~1000年的一系列黄金小雕像，包括鸟类、昆虫和其他飞行动物的造型。甚至有人认为，这些雕像中还有古代的飞行器。

迪奎斯石球
哥斯达黎加
这些巨大的石球零散地分布在哥斯达黎加各地。至今没有人知道这些石球的制作方法和用途。

朗格朗格文字
复活节岛，智利
这些木片上雕刻的是17世纪早期的一种文字。迄今仍没有人能破译这些文字。

萨克塞华曼墙
库斯科，秘鲁
位于秘鲁库斯科的印加古城四周的城墙是用切割后的大石块砌成的，石头之间几乎没有缝隙。当时，人类用什么方法让这些石头如此严丝合缝，至今仍是一个谜。

伏尼契手稿

1912年，一位波兰书商购得一部15世纪的手稿，内含草药和星象插图，但其中的文字至今无人能够破译。手稿可能用密码或自创文字编写，也可能是一个恶作剧。尽管人们围绕它进行了大量研究，但仍未解开谜团。

人们在一具埃及木乃伊的裹尸布上发现了

皮瑞·雷斯地图

这幅令人称奇的地图发现于1929年。由奥斯曼帝国海军上将皮瑞·雷斯绘制于1513年。地图较为精准地绘出了欧洲、北非以及巴西的海岸线。甚至有人认为，这幅地图还绘出了南极洲，这可能表明曾经存在过史前航海文明。

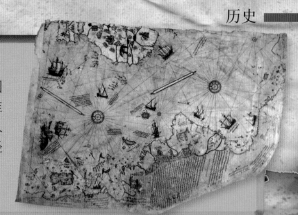

安提基特拉机械装置
安提基特拉岛，希腊
这个古希腊机械装置大约制成于公元前100年。它所使用的齿轮与转盘的复杂程度不亚于14世纪发明的时钟。

巴格达电池
库居拉布，伊拉克
这是用一个陶罐、金属棒、金属管组成的奇怪装置。研究表明，这可能是公元前200年左右发明的一种简易电池。

三星堆青铜面具
广汉，中国
1986年，中国出土了一批3000多年前制造的神秘面具，至今仍无人知晓制造它们的这一文明的确切历史。

张衡地动仪
中国
132年，中国东汉时期的发明家张衡创造了世界上第一台探测地震的装置——地动仪。然而，没有人真正了解地动仪的工作原理。

兰马多遗址
波恩佩州，密克罗尼西亚
这是500年前建造在一座珊瑚岛上的古城废墟。城墙是由巨大的玄武岩条石砌成的。在没有杠杆和滑轮的情况下，如何建成这样的城墙，至今仍是一个谜。

大马士革钢
中东
早在900年，人们就能打造这种超级锋利的金属利器。然而，其锻造工艺至今仍是一个谜。

克莱克斯多普球体
奥托斯达尔，南非
这些球体的历史可追溯到30亿年前。它们看上去似乎是由史前人类制造的。然而事实上，它们更可能是天然岩石。

历史之谜

古代的手工艺品揭示了我们祖先的生活方式。然而，有些物品让专家们也感到困惑。目前人们尚不清楚这些奇怪的物品是做什么用的，也不清楚它们是如何制造出来的。

大量文字。这些文字至今无人能够破译。

大自然奇观

大陆板块分界线

冰岛横跨两个大陆板块。人们可以在两个大陆板块之间的斯尔菲拉海沟（大裂缝）中潜水。这一裂缝位于冰岛西南部，是欧亚板块和北美板块的交会处。

北美洲

全世界三分之二的**北极熊**都生活在**加拿大**。

各占一半

哈斯克尔免费图书馆和歌剧院一半在加拿大,一半在美国。歌剧院的舞台在加拿大魁北克的罗克艾兰境内,而观众席的大部分座位则在美国佛蒙特的德比莱恩境内。

在**美国纽约**,你能够听到**800多种语言**。

在美国,"**第二大街**"是**最常见**的街道名称。而"**第一大街**"的出现频率则排在**第三位**。

纽约,美国

纽约中央火车站站台上显示的发车时间都是错的。为了不让乘客急匆匆地赶火车,他们的时刻表总是比火车的实际发车时间快一**分钟**。

美国纽约每年的降雪量大约是南极的**15倍**。这是因为南极**高寒**且**极端干旱**,降水量非常小。

在**美国纽约**,出售凶宅时未向买方履行告知义务是一种**违法行为**。

在**美国纽约**的曼哈顿区,有40多栋建筑由于规模过大而拥有自己的邮政编码,其中包括克莱斯勒大厦(右图)。

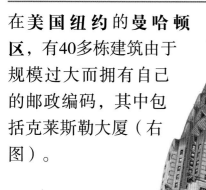

10017
邮政编码

就租房、购物、交通和出游而言,**百慕大**是世界上**消费最高**的地区。

美国的亿万富豪**736位**(2023年),比其他任何一个国家都多,其中居住在**纽约**的就有**100多位**。

在**古巴哈瓦那市**的约翰·列侬公园里，**约翰·列侬**的塑像原本是戴眼镜的。由于塑像的**眼镜**经常被偷，后来只好由保安负责保管。当有游客要求给塑像戴眼镜时，他再给塑像戴上。

墨西哥的**乔鲁拉大金字塔**是**世界最大**的**金字塔**，占地面积约为400平方千米，是吉萨大金字塔的4倍（但其高度仅为55米，还不及吉萨大金字塔高度的一半）。

巴拿马运河是按重量收取通行费的。1928年，美国人理查德·哈里伯敦游泳通过巴拿马运河时缴纳了36美分。2016年，一艘名为"MOL Benefactor"（"三井恩赐"号）的集装箱货轮通过时，缴纳的费用接近**100万美元**。

美国共有**15095座机场**，是世界上机场最多的国家。

牙买加拥有**1600座教堂**，每平方千米所拥有的教堂数量居世界之最。

为了保持生态平衡，**洪都拉斯罗阿坦国家公园的**潜水员曾尝试训练加勒比礁鲨捕食狮子鱼——一种破坏珊瑚礁生态系统的入侵物种。

2014年以前，**哥斯达黎加**的街道没有名字，每家每户也没有门牌号。邮寄地址都用**地标建筑**与**方位**代替。

南美洲

特茹（Tejo）是**哥伦比亚**的一项民族体育运动，其运动方式是将一个**金属圆盘**掷出，打向装有**火药包**的靶心。

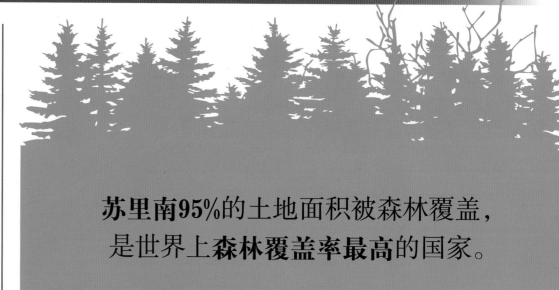

苏里南95%的土地面积被森林覆盖，是世界上森林覆盖率最高的国家。

因为**厄瓜多尔**、**哥伦比亚**和**巴西**都是横跨赤道的国家，这就意味着它们同时经历夏天和冬天。

玻利维亚首都拉巴斯是南美洲第一个通电的城市。这里发电用的燃料不是煤或天然气，而是骆驼粪。

巴拉圭的国旗是世界上唯——一个**两面图案不同**的国旗——正面是巴拉圭的国徽，背面则是其**国家财政部的印章和格言**（即"**和平与正义**"）。

乌拉圭没有官方宗教活动。其全国性节日不是圣诞节，而是**家庭日**。其他节假日还包括**旅行周**、**海滩日**等。

圭亚那是**南美洲**唯一一个将**英语**作为官方语言的国家。

委内瑞拉（Venezuela，意为"小威尼斯"）的名字与**意大利威尼斯**（Venice）有关，是因此地让欧洲探险家联想到意大利的这座城市而得名。

厄瓜多尔（Ecuador，西班牙语意为"赤道"）是世界上唯一一个以地理特征命名的国家。厄瓜多尔的**赤道纪念碑**有一条人工标记的赤道线。在这里，人们可以同时站在**两个**半球上。不过，据说赤道纪念碑的位置实际上**向南偏离了赤道240米**。

亚马孙热带雨林的各种**植物**所产生的氧气量占地球总产氧量的**20%以上**。

据推测，**科学家**尚未研究的植物物种约占亚马孙热带雨林植物总量的**90%**。

亚马孙河向大西洋输送的水量十分巨大，以至于从入海口至沿海海域**160千米**的范围内均为淡水。

亚马孙河中的鱼的种类比整个大西洋的还要多。

亚马孙河豚的皮肤是粉色的。

智利有一个由政府发起的**UFO研究组织**。

智利阿尔加罗沃市有一座世界最大的游泳池：长914.4米，深35米。

1892年，**阿根廷**成为世界上第一个利用**指纹**确定罪犯的国家。

南美洲几乎有一半的人口生活在**巴西**。

除厄瓜多尔和智利外，**巴西**与所有南美洲国家都接壤。

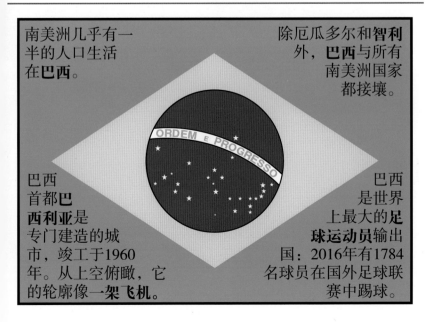

巴西首都巴**西利亚**是专门建造的城市，竣工于1960年。从上空俯瞰，它的轮廓像一架飞机。

巴西是世界上最大的**足球运动员输出国**：2016年有1784名球员在国外足球联赛中踢球。

黄色内衣是秘鲁传统的新年礼物，其寓意是给**人带来好运！**

秘鲁种植的马铃薯超过3000种，玉米多达55种。玉米颜色有黑色、白色、**紫色、黄色**等。

秘鲁人把寒冷冬日的天空称为"**驴肚皮**"，因为秘鲁冬季的天空看上去就像一头站在陆地上的**灰驴**。

非洲

摩洛哥的阿特拉斯影城是世界最大的影城。

索马里约有720万头骆驼，居世界首位。

多哥迄今只获得过一枚奥运奖牌，即2008年的皮划艇铜牌。然而奖牌获得者只去过一次多哥。

尼日利亚的电影产业规模仅次于印度，居世界第二位。其"诺莱坞"每周约出产50部影片。

纳米布沙漠和大海交汇的**纳米比亚骷髅海岸**，因浓雾密布十分危险，故又被称作"千艘沉船海岸"。

全世界**半数**的**黄金**都来自同一个地方，即**南非**的**威特沃特斯兰德地区**。

加纳的货币**塞地（cedi）**是用该国曾经作为货币的宝贝贝壳名称命名的。

博茨瓦纳的货币叫作"普拉"（pula），意为"**雨露**"。由于博茨瓦纳的降雨非常稀少，因此雨水很珍贵。比普拉更小的货币单位是特贝（thebe），意为"**盾牌**"。

苏丹
北部约有
2000座金字塔，数
量大约是**埃及**的两倍。其中
最古老的金字塔已有**4600年**的**历史**。

埃塞俄比亚的**历法**与世界其他任何国家的都**不同**，其历法一年不是12个月，而是**13个月**。

如果非洲平原上没有了**蟑螂**，一个月后，动物**粪便**就能堆到半人高。

咖啡是肯尼亚的主要**出口**产品，肯尼亚人却喜欢喝茶。

马达加斯加岛上**90%**的**生物**都是该岛**特有**的**物种**。

陆上海拔最高的**比萨**外卖世界纪录是在**乞力马扎罗山**的山顶创下的。从**745千米**外**坦桑尼亚**的一家餐厅将比萨送到海拔**5895米**的乞力马扎罗山山顶，需要花费4天时间。

南非德班的"**高空秋千**"是世界上最高的秋千之一。秋千的座椅距离地面9米，横梁则又高出座椅88米。

欧洲

在**芬兰**与**瑞典**交界处有一个**高尔夫球场**，其中一半球洞在**芬兰**，另一半球洞在**瑞典**。

世界上**海拔最高**的**厕所**位于**法国勃朗峰**顶部，海拔超过**4200米**。

公元前133年，**罗马**成为世界上**第一个**拥有**100万人口**的**城市**。

1879年，在**比利时列日**，邮局打算利用猫的"**归巢本能**"训练37只猫投递邮件，**最终没有成功**。

斯洛伐克首都**布拉迪斯拉发**是世界上唯一一个与**其他国家**（奥地利和匈牙利）**接壤**的首都。

布拉迪斯拉发

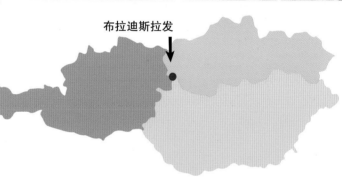

葡萄牙和**西班牙**之间有一条**720米长**的跨国滑索道。

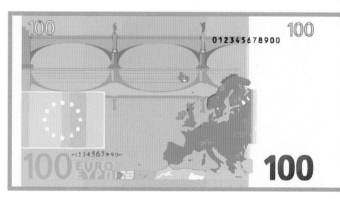

欧元纸币上的**桥梁**图案并**不是真实的桥梁**，而是设计者有意虚构的。这样做的目的是避免任何国家声称该图案源自本国的桥梁。然而，一位**荷兰建筑师**按照纸币上的图案在**荷兰鹿特丹**建造了几座相同的桥，甚至连颜色都与之相符。

虽然从西班牙滑行至葡萄牙全程仅需**一分钟**，但因为滑索道跨越了一个时区，所以到葡萄牙时间要**退回一小时**。

在**亚美尼亚**，学校将国际**象棋**设置为必修课程。

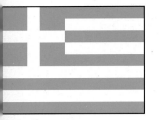

希腊国歌是世界上最长的国歌，共有**158段**歌词。

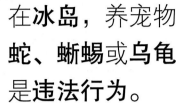

独角兽是苏格兰的民族象征。

在**冰岛**，养宠物**蛇、蜥蜴**或**乌龟**是**违法行为**。

德国的总理府被人们戏称为**"联邦洗衣机"**，因为其方形的轮廓和**圆形**的窗户使它看上去就像一台洗衣机。

自**1990年**起，**捷克**的**佩尔赫日莫夫镇**每年都会举办一场**创造各种古怪行为世界纪录**的活动，例如**爬梯子、在盐罐上开汽车**等。

匈牙利有一条完全由**10～14岁**的**在校学生**运营的**"儿童铁路"**。除列车司机（为成年人）外，其他的工作，从**售票员**到**调度员**，再到铁轨**扳道员**，均由**儿童**担任。

俄罗斯贝加尔湖的湖水非常深，它的淡水储量约占全世界**淡水总量的20%**。

在一些**欧洲**国家，**"@"**这个符号被称为：

荷兰：猴子尾巴

瑞典/丹麦：大象的鼻子

希腊：小鸭子

匈牙利：蚯蚓或蛆

意大利：蜗牛

北马其顿：小猴子

波兰：猴子

亚洲

中国藏族传统的表示路途远近的方法是：一路上需要喝几杯茶。

喜马拉雅山脉形成于**恐龙灭绝**的2500万年后。

2011年，**格鲁吉亚**的一个女子**割断**了一根电缆，使整个**亚美尼亚**的互联网断网。

尼泊尔是世界上唯一一个国旗不**是正方形或长方形**的国家。

伊朗的**卢特荒漠**非常**炎热**，以至于**细菌**都无法存活。如果在这个沙漠中放一杯牛奶，它将**永不会变质**。

世界上所有的**大熊猫**都来自中国——包括其他**国家动物园**里的大熊猫。

郁金香虽然是**荷兰**的国花，但它实际上原产于**土耳其**。"tulip"（郁金香）一词也源自土耳其语，意为"头巾"。

安达曼语（印度**安达曼群岛**的语言）中表示数字的词只有**两个**：一个用来表示数量"**一个**"，另一个则表示"**不止一个**"。

世界上最高的建筑迪拜哈利法塔配置了世界上最**快**的电梯。你在**地面**看到**太阳**刚刚落山时，乘坐电梯到达**顶层**，还可以**再看到太阳落山**的情景。

在**韩国**，**刚出生**的**婴儿**年龄即为**一岁**，然后每到**1月1日**时，他们的年龄就会长一岁。因此，**12月31日出生的婴儿**第二天就变成了**两岁**。

以色列是世界上唯一一个将"**消亡**"的**语言**复活并把它作为官方语言的**国家**。以色列在建立国家之前，**希伯来语**只在祈祷和语言研究中使用。

越南平洲温泉的水温高达**82℃**——大约**10分钟**就可以将鸡蛋煮熟。

日本的**自动售货机**不只出售**饮料**和**巧克力**。你可以在自动售货机上买到**活龙虾**、**飞鱼汤**、**热拉面（面条）**、鸡蛋、生菜、香蕉和**内衣**等商品。

自20世纪70年代以来，日本形成了在圣诞节当天去肯德基用餐的习惯。据说，这一传统是因为当时西方游客在日本无法找到整只鸡（或火鸡）来制作自己的圣诞大餐而想到的替代方式。

1973年，考古学家在以色列马萨达遗址的一个罐子里发现了**2000年前**的**种子**。**2005年**，种子通过栽培后长出了**枣树**。这种枣树被证实是一种已经**灭绝了1800年**的**物种**。

世界上大约**70%**的**丝绸**都产自**中国**。丝绸是用蚕茧抽出的蚕丝制成的。每个**蚕茧**能抽出长约**915米**的细蚕丝。

世界上**最高**的**板球场**位于**印度喜马偕尔邦**，其海拔高达**2250米**。这座板球场建于1893年，是将一座小山的山顶铲平后修建的。

大洋洲

澳大利亚的**防野犬栅栏**是世界上**最长**的栅栏。它从昆士兰州的金堡镇到**南澳大利亚州**的**大澳大利亚湾**，全长5531千米。

1940年，澳大利亚皇家空军的两架飞机在空中**相撞，卡在了一起**。其中4名飞行员跳伞逃脱，而留在飞机上的一名**飞行员**控制飞机**成功着陆**。

1840年，作为协助**探险者**的交通工具，**骆驼**被引入**澳大利亚**内陆地区。如今，澳大利亚的**野生骆驼**数量已多达60万～100万头。

如果你每天去一**个**海滩，那么需要**29年**以上的时间才能游览完澳大利亚的**10685个海滩**。

据估计，如今澳大利亚有**2亿多只野兔**，它们以农作物为食。造成这一现状的原因是**1859年**有人为了狩猎而将**24只兔子**放到了野外。

澳大利亚的**袋鼠岛**是探险家**马修·弗林德斯**于**1802年**命名的，目的是纪念那些成为他与船员们口中**汤食**的**31只袋鼠**。

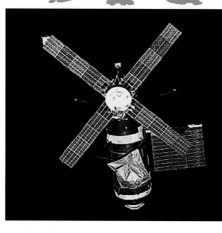

1979年，美国天空实验室空间站穿过大气层时燃烧分解，**大量的碎片**从澳大利亚上空落下。**西澳大利亚州埃斯佩兰斯市**议会对美国航空航天局处以400美元罚款（该罚款最终由**加利福尼亚广播电台**的听众于2009年支付）。

新西兰北部的"**90英里海滩**"，实际长度为**88千米**（55英里）。

在**斐济**，如果你在**右耳**后面戴一朵红**鸡蛋花**，那就意味着你仍在**寻找爱情**。如果你将花带着**左耳**上，就意味着你**已经有爱人了**。

在**图瓦卢语**中，"Tuvalu"（图瓦卢）意为"**八岛之群**"。但图瓦卢是由**9个**环形珊瑚岛群组成的。

蹦极运动起源于瓦努阿图彭特科斯特岛上一种叫作"**纳戈尔**"（陆地蹦极）的运动。参与者（男性）双脚各拴一根藤条，从27米高的塔架上跳下（年纪较小的男孩可以从塔架较低的地方跳下）。传说如果成功了，他们种植的木薯将会有好的收成。

大洋洲一共有**1万多**座岛屿。除**澳大利亚**外，其他岛屿的**陆地面积**仅为**822800平方千米**。因此，**澳大利亚**的面积是其他所有岛屿面积的**9倍多**。

新西兰皇家空军将几维鸟（国鸟）作为**军徽标志**。然而，几维鸟是一种**不会飞**的鸟。

新西兰境内没有蛇。

对于萨摩亚和托克劳而言，2011年12月30日这一天是不存在的。为了与**澳大利亚**和新西兰采用**同一时区时间**，它们把时区从**国际日期变更线**以东调整到以西。因为这次的时区跨越，它们失去了整整一天。

当萨摩亚**拥挤**的**公共汽车**上没有**空座位**时，坐着的人会邀请站着的人**坐在他们的腿上**——即便**素不相识**，他们也这样做！

地名的含义

世界上最长的地名

"Krung Thep Mahanakhon Amon Rattanakosin Mahinthara Ayutthaya Mahadilok Phop Noppharat Ratchathani Burirom Udomratchaniwet Mahasathan Amon Piman Awatan Sathit Sakkathattiya Witsanukam Prasit" 这一长串地名的含义是："天使之城，伟大之城，玉佛驻留之城，坚不可摧的因陀罗之城，拥有九种珍贵宝石的宏伟首都，快乐之城，充满着好像统治转世之神的天庭的巍峨皇宫，一座由因陀罗赋予、毗湿奴建造的城市"。

"Singapore"（新加坡）一词源自梵文"Simhapuram"，意为"狮城"。

至今无人知晓"Sierra Leone"（塞拉利昂，西班牙语意为"狮山"）这个名字的由来。有人认为，原因是该国的山脉看上去像睡狮或狮子的牙齿；也有人说，是因为塞拉利昂山上的雷声像狮吼。

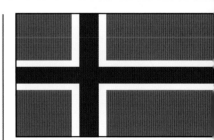

"Cameroon"（喀麦隆）这个名字源于葡萄牙语"camarões"（虾米）一词。

挪威有一个叫作"Hell"（海奥）的小镇。这个词在英语中并不受欢迎（意为"地狱"），在挪威语中却是"成功"的意思。

"España"（西班牙）一词源自拉丁语"Hispana"，人们普遍认为其含义为"兔子之乡"。

"Panama"（巴拿马）这个名字可能源于当地的俗语"多鱼之地"或"蝴蝶之乡"。

巴西因当地生长的巴西红木而得名，并不是因为这种树木长在巴西而取名巴西红木。

别去这些地方！

这些地名确实可以令游客望而却步……

恶魔山
蒂珀雷里郡，爱尔兰

失望岛
新西兰

伊克（Eek，象声词，表示惊恐）
阿拉斯加州，美国

饿狼
格罗宁根，荷兰

佩提米（Pity Me，意为"可怜我"）
德拉姆，英国

蠢湖
马尼托巴省，加拿大

但下面这些地名听起来，很棒！

巴特曼（Batman，与蝙蝠侠的英文相同）
土耳其

库尔（Cool，意为"凉爽的"）
加利福尼亚州，美国

德西雷（Desire，意为"欲望"）
宾夕法尼亚州，美国

仙女德尔
维多利亚州，澳大利亚

古迪纳夫岛（Goodenough Island，意为"足够好的岛屿"）
巴布亚新几内亚

瑟普赖斯（Surprise，意为"惊喜"）
亚利桑那州，美国

我在哪里？

无名之地（Nameless）
田纳西州，美国
没有名字的地方（No Name）
科罗拉多州，美国
不存在的地方（No Place）
达勒姆郡，英国
没有地方（Nowhere）
俄克拉荷马州，美国
没有其他地方（Nowhere Else）
塔斯马尼亚州，澳大利亚
无意义的地方（Point No Point）
华盛顿州，美国
不确定的地方（Uncertain）
得克萨斯州，美国
为何之地（Why）
亚利桑那州，美国

在加拿大，"野牛跳崖处"因古代狩猎野牛的习俗而得名。古人将野牛驱赶到**悬崖**边缘并逼迫它们跳下去。这就是人类1.2万年前狩猎野牛的方式。

重复不止两遍的地名

 瀑布
Eas Fors Waterfall，英国这一地名为苏格兰盖尔语、如尼文和英语三种语言的"瀑布"一词的叠用。

 广场
Forumtorget，瑞典这一地名为拉丁语与瑞典语"广场"一词的叠用。

 村庄
Külaküla，爱沙尼亚这一地名为爱沙尼亚语"村庄"一词的叠用。

 海岸
Côtes-d'Armor，法国这一地名为法语和布列塔尼语"海岸"一词的叠用。

 湖泊
Järvijärvi，芬兰这一地名为芬兰语"湖泊"一词的叠用。

 城市
Nyanza Lac，布隆迪这一地名为班图语与法语"湖泊"一词的叠用。不过，这个名字是一座城市的名字，不是湖泊的名字。

 岛屿
Isla Pulo，菲律宾这一地名为西班牙语和菲律宾语"岛屿"一词的叠用。

令人不愉快的地名

- 博林（Boring，意为"无聊的"）
  俄勒冈州，美国
- 达尔（Dull，意为"沉闷的"）
  珀斯–金罗斯，英国
- 布兰德夏尔（Bland Shire，意为"无聊的郡"）
  新南威尔士州，澳大利亚

令人愉快的地名

- 有趣的河（Funny River）
  阿拉斯加州，美国
- 哈！哈！河（Ha! Ha! River）
  魁北克省，加拿大
- 快乐探险（Happy Adventure）
  纽芬兰省，加拿大
- 多么愉快（What Cheer）
  艾奥瓦州，美国

世界上最长的单字地名

"Taumatawhakatangihangakoauauotamateaturipukakapikimaungahoronukupokaiwhenuakitanatahu"
这是新西兰一座小山的毛利语名称，意为："那个滑山、爬山、吞山，以'食地者'而闻名的有着大膝盖的男人塔玛提亚向他所爱的人吹奏笛子的地方"。

世界各地的肢体语言

在**阿尔巴尼亚**、**保加利亚**、**埃及**、**希腊**、**伊朗**、**黎巴嫩**、**叙利亚**、**土耳其**，以及**意大利西西里**，先抬起头再点一次头表示"**否定**"。

在**保加利亚**与**阿尔巴尼亚**南部，左右摇头表示"**肯定**"。

在**印度**，人们用**双手合十**的方式相互**致意**，即合十礼。在**日本**，相同的手势则是**请求宽恕**或**表示感谢**的意思。

在**尼泊尔**，单手举起并转动手掌表示**否定**。

在**澳大利亚**、**加拿大**、**英国和美国**，如果将**手背朝上**且手指弯曲向前挥动，表示让人"**走开**"。

在**加纳**、**印度**、**菲律宾和越南**，同样的手势则表示让人"**过来**"。因为，在这些国家，**掌心朝上**且手指弯曲向他人挥动是非常**不礼貌**的动作。

在**澳大利亚**、**加拿大**、**英国和美国**，掌心朝上呈握拳状，食指向前后曲伸表示让人"**过来**"。然而，在**菲律宾**，这种手势是很无礼的，因为这**通常**是召唤**狗**的手势。

在**墨西哥**，举起前臂并且掌心朝向自己表示"**谢谢**"。

在**意大利**，把**食指**放在**脸颊**上表示"**好吃**"。

148

在德国和奥地利，双拳握紧且拇指内扣，然后轻轻击打某种东西，表示"祝好运"。

在英国，轻轻地**点鼻子**表示所说的事情需**保密**。在意大利，同样的手势则表示"**小心**"。在**日本**，指**自己**的鼻子则是**提及自己**的一种方式。

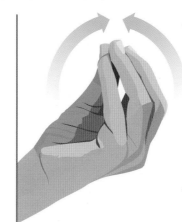

在不同的国家，将五指指尖捏在一起所表达的意思也各有不同。在**意大利**，这个手势表示在问："这是什么？""你想要干什么？"在土耳其，这却是在称赞某物的**漂亮**或美好。在**刚果（金）**，该手势表示某些东西的**量很少**。在**埃及**，它表达的意思是"马上就好了"。

在**加纳**，如果你用右手拍拍肚子，再把**手举起来**，表示你已经**心满意足**了。

世界各地从一数到五的手势：

英国和北美地区

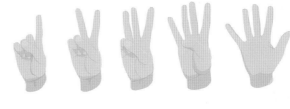

欧洲

日本

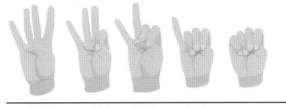

在法国，如果你想通过手势表达"**我不相信你**"，可以用**食指触碰**一下自己的**下眼睑**。

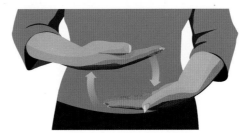

在**巴西**，五指并拢轻拍另一只手，然后交换双手位置再拍一次，这表示"**我不在乎**"。

未知世界

这个 **"宇宙龟"** 驮着**世界穿梭于太空**的画面可能看上去有些不可思议，但这种对世界的认知确实出现在**印度**、中国和**印第安人**的神话故事中。

在我们的地球尚未被完全探索之前，西方**中世纪**的**地图**绘制者往往会在那些未知区域画上**海兽和龙**的图案，以此警告人们那里潜伏着**危险**。

神话传说中**消失**的**亚特兰蒂斯城**，据说已沉没于**海底**。这种说法可能有它的事实依据。这座古城可能毁于3600年前的一次**火山爆发**。

早在公元前6世纪，**地圆说**就已经出现，然而地平说一直大行其道。例如，古希腊哲学家**希罗多德**在公元前500年所绘制的世界地图，依据的就是**地平说**，并将希腊绘在了世界的中心位置！

希腊

利比亚　阿拉伯半岛　波斯　亚洲　印度

海洋占据了地球表面积的**71%**。因此，假设**外星人**曾经**造访过**地球，他们很有可能会在**海上着陆**。

世界许多民族文化都曾认为**人类死亡**之后会居住在地表之下的另一个世界。**玛雅人**认为，伯利兹城中的这个山洞就是前往"**地府**"的通道。

早在公元前240年，古希腊数学家**埃拉托色尼**就已经计算出地球的**周长**。他得出的**4万千米**的数值与现在的数值十分接近。

古希腊天文学家托勒密（100年~170年）发展了地心说的早期理论，认为**宇宙**中所有的事物，包括**太阳**及其他**恒星**和**行星**，都围绕着**地球**运转。

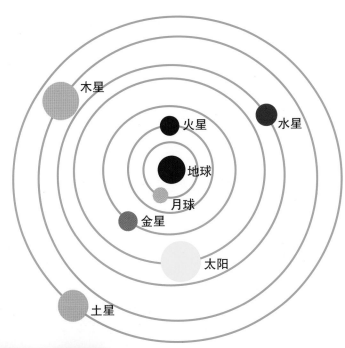

1000多年后，**伽利略**设法证明他的**地球**围绕**太阳**运转的观点。天主教会为此对他进行了**审判**，并将他**软禁**在家中。

自古至今，一直有些人认为**地球内部是空的**。有人认为地球内部有炽热的**大裂缝**，也有人认为里面是纵横交错的**洞穴**，甚至还有人认为里面有一个个**更小的球体**。

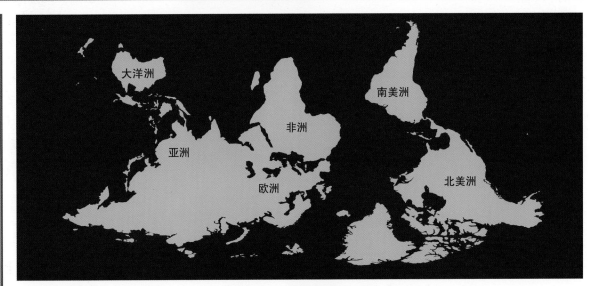

到底哪个方向在上方？通常，**地图**将**北方**绘在上方。然而，**地球**是一个**旋转**的**球体**，根本没有上下之分。

索引

致谢

Dorling Kindersley would like to thank: Hazel Beynon for proofreading, Carron Brown for indexing, and Ann Baggaley, Jessica Cawthra, Anna Fischel, Anna Limerick, and Georgina Palffrey for additional editorial work.

The publisher would like to thank the following for their kind permission to reproduce their photographs:

(Key: a-above; b-below/bottom; c-centre; f-far; l-left; r-right; t-top)

1 123RF.com: Elena Schweitzer (tc). TurboSquid: 3d_molier International (bc) 2 Alamy Stock Photo: World History Archive (tr). Rex Shutterstock: Shaun Jeffers (tc) 3 123RF.com: Chris Boswell (tc). Alamy Stock Photo: imageBROKER (tl); mauritius images GmbH (tc/Tomato Festival); Nature Picture Library (tr) 4-5 Rex Shutterstock: Shaun Jeffers 6 Alamy Stock Photo: lynn hilton (tr). Dreamstime.com: Nahiluoh (cb). Getty Images: Allentown Morning Call (tr); Speleoresearch & Films / Carsten Peter (ca); robertharding / Lee Frost (crb). iStockphoto.com: Vadim_Nefedov (clb); Virginia44 (tl). Andrés Ruzo (c) 7 123RF.com: long10000 (cra); Aleksandr Penin (ca); ostill (cr). iStockphoto.com: guenterguni (cl); mazzzur (c). Professor J. Colin Murrell: (tl). Jordan Westerhuis (c) 8 123RF.com: konstantin32 (bl); Petr Podrouzek (clb). Depositphotos Inc: frankix (cb); sellphoto1 (bc). Dreamstime.com: Bcbounders (cl); Bennymarty (c) 10 Alamy Stock Photo: Aurora Photos (bl) 11 123RF.com: lightpoet (tr). Alamy Stock Photo: Roger Coulam (tc); gadag (tl) 15 iStockphoto.com: narloch-liberra (br) 17 Getty Images: Julia Cumes (tc) 18 123RF.com: belikova (cb); Konstantin Kopachinsky (cr); lorcel (tc). Alamy Stock Photo: Joan Gil (tr); HI / Gunter Marx (ca). Dreamstime.com: Anna Krasnopeeva (cra). Getty Images: EyeEm / Patrick Walsh (cla). iStockphoto.com: Jose carlos Zapata flores (c) 19 123RF.com: Wiesław Jarek (ftl); Alessandro Ghezzi (bc/Kaihalulu); iriana88w (fcr); Olga Khoroshunova (c); Phurinee Chinakathum (tr). Alamy Stock Photo: Arterra Picture Library (bc); FRIEDRICHSMEIER (tl). Dreamstime.com: Hupeng (tl); Konart (c); Patryk Kosmider (bl). Getty Images: Alasdair Turner (fbr) 20-21 TurboSquid: Ultar3d (ducks) 20 TurboSquid: Sezar1 (c) 21 Rachael Grady: (tr) 22 123RF.com: Mirosław Kijewski (ca); vilainecrevette (cra); Sutisa Kangvansap (bc). Alamy Stock Photo: John Cancalosi (c); Image Quest Marine (fclb); WILDLIFE GmbH (br); imageBROKER (tr). Ardea: Science Source / John W. Bova (cla). DK Images: Thomas Marent (fcla, cb). Dreamstime.com: Whitcomberd (cl). FLPA: Minden Pictures / Chien Lee (fcl). naturepl.com: Alex Hyde (fcra) 23 123RF.com: Matee Nuserm (cla, c). Alamy Stock Photo: Arco Images GmbH (crb); Lisa Moore (fclb); Stuart Cooper (ca). Depositphotos Inc: ead72 (cr). Dorling Kindersley: Dreamstime.com: Seatraveler (cl). Dreamstime.com: Andrew Astbury (tl); Ethan Daniels (fcr); Marc Witte (fcrb). FLPA:

Minden Pictures / Chien Lee (clb). naturepl.com: PREMAPHOTOS (cra) 25 Dorling Kindersley: Dreamstime.com: Mgkuijpers (tc); Dreamstime.com: Velora / Anna Bakulina (tr). iStockphoto.com: Studio-Annika (tc/Harlequin poison dart frog) 26 Alamy Stock Photo: Nature Picture Library (tl, clb, cra); Solvin Zankl (br/Lanternfish, c). Depositphotos Inc: stephstarr9363@gmail.com (cla, tr). Getty Images: Peter David (fcrb); Joel Sartore (crb). SuperStock: Pantheon / Steve Downeranth (cb) 27 Alamy Stock Photo: blickwinkel (tl); National Geographic Creative (tr); WaterFrame (cr). Depositphotos Inc: Fireflyphoto (tc/Synchronous fireflies). Getty Images: Matt Meadows (ftr); Brian J. Skerry (cra); Westend61 (cb) 28 123RF.com: Andrea Izzotti (bc/crab). Alamy Stock Photo: Brandon Cole Marine Photography (bc); Andrey Nekrasov (br) 30 123RF.com: Natalia Bachkova (br) 31 Alamy Stock Photo: Premaphotos (bc). SuperStock: Minden Pictures / Cyril Ruoso (tc) 33 Alamy Stock Photo: Nature Picture Library (tr) 34 Alamy Stock Photo: Frans Lanting Studio (cl) 35 Alamy Stock Photo: Gianni Muratore (cr) 36 Alamy Stock Photo: imageBROKER (tr); robertharding (fcl); Darby Sawchuk (tl). Depositphotos Inc: casadaphoto (cb); javarman (clb). Dreamstime.com: Byelikova (cr); Evgeniefimenko (tr). iStockphoto.com: drferry (cl) 37 123RF.com: Dr Ajay Kumar Singh (fcl). Alamy Stock Photo: 42pix Premier (br); Patti McConville (bc); Brian McGuire (tr). Depositphotos Inc: avk78 (clb); javarman (cl); sainaniritu (fcrb). Dreamstime.com: Leslie Clary (c); Florentiafree (tl); Mark Higgins (crb). iStockphoto.com: Komngui (c) 38 iStockphoto.com: MirekKijewski (bc, br) 39 Depositphotos Inc: Juan_G_Aunion (cr). naturepl.com: MYN / John Tiddy (cra) 40 FLPA: Steve Gettle / Minden Pictures (crb) 41 Alamy Stock Photo: Thailand Wildlife (tr) 42-43 Alamy Stock Photo: World History Archive 44 iStockphoto.com: xbrchx (br) 45 123RF.com: hecke (bc). iStockphoto.com: BeholdingEye (tc) 47 Alamy Stock Photo: AF archive (tr). TurboSquid: 3d_molier International (tc) 48 Getty Images: Popperfoto (br) 49 Alamy Stock Photo: Andrew O'Brien (tc). Dreamstime.com: Sergio Boccardo (tr); Conceptw (tc/drone). iStockphoto.com: icholakov (tl) 50 Alamy Stock Photo: Granger Historical Picture Archive (tl) 51 Getty Images: Tim Graham (tr) 52-53 Wikipedia: Grumman Tbm Avenger by helijah is licensed under CC Attribution (aircraft) 52 Getty Images: The LIFE Picture Collection (cra) 53 Alamy Stock Photo: Kevin Foy (cra). iStockphoto.com: Mark_Doh (cr); NejroN (crb) 54 Alamy Stock Photo: Ken Welsh (bc) 55 Alamy Stock Photo: Newscom (tc). Fleur Star: (bl) 56-57 Dreamstime.com: Bert Folsom (Basemap) 56 Getty Images: Klaus Leidorf / Klaus Leidorf / Corbis (br); Hulton Archive (crb) 57 Alamy Stock Photo: Granger Historical Picture Archive (tr). Getty Images: Glenn Hill (tc) 58 Getty Images: Marka (br) 59 Alamy Stock Photo: Chronicle (tl) 60-61 Alamy Stock Photo:imageBROKER

62 Getty Images: Bettmann (br) 63 Alamy Stock Photo: ITAR-TASS Photo Agency (tr) 64 Alamy Stock Photo: Ian Dagnall (cla) 65 iStockphoto.com: sborisov (br) 66-67 123RF.com: Alexander Tkach (Basemap) 66 Alamy Stock Photo: Pep Roig (br) 67 123RF.com: Israel Horga Garcia (cr). Getty Images: VCG (bc) 68 Dreamstime.com: Mikhail Lavrenov (bl) 71 Depositphotos Inc: kossarev56@mail.ru (tc). Getty Images: The Asahi Shimbun (tr) 72 Getty Images: Gordon Wiltsie (crb) 72-73 123RF.com: byzonda (Flame Icons) 73 Getty Images: MCT (tr) 74 Rex Shutterstock: Marc Henauer / Solent News (tc) 75 Alamy Stock Photo: Sabina Radu (bc); Visual&Written SL (cr). Dreamstime.com: Topdeq (bl) 76 Alamy Stock Photo: BRIAN HARRIS (cl); Hemis (bl) 77 123RF.com: Matyas Rehak (c/Nazca Lines). Alamy Stock Photo: Design Pics Inc (c). Dreamstime.com: Irissa (tc). Getty Images: DEA / A. DAGLI ORTI (cr); Bethany Clarke / Stringer (bl); PIOTR NOWAK / Stringer (bc) 78-79 TurboSquid: 3dlattest (clapper board); 3d_molier International (OpenBook); Tornado Studio (Classic Book Standing) 78 Alamy Stock Photo: Endless Travel (br) 79 123RF.com: Stephan Scherhag (br). Alamy Stock Photo: Hilary Morgan (crb). Dreamstime.com: Naumenkoaleksandr (bc) 80 123RF.com: Veronika Galkina (tc); zhaojiankangphoto (fcra); server (c); Saidin B Jusoh (cr). Alamy Stock Photo: Boyd Norton (tr); robertharding (cl); Petr Svarc (bc). Depositphotos Inc: sborisov (cla). Dreamstime.com: Nadezhda Bolotina (cra); Serhii Liakhevych (ca); Volodymyr Dubovets (fcr) 81 123RF.com: Sergii Broshevan (c). Alamy Stock Photo: Tiago Fernandez (cl). Dreamstime.com: Cosmopol (crb); Mikepratt (ca/Moraine). Getty Images: Jean-Erick PASQUIER (tl). Science Photo Library: DR JUERG ALEAN (ca) 82 Getty Images: UniversalImagesGroup (br) 83 Alamy Stock Photo: dpa picture alliance (bc) 84 Alamy Stock Photo: robertharding (bc). Getty Images: Universal History Archive (bl) 85 Alamy Stock Photo: imageBROKER (bc) 86 TurboSquid: Nestop (Ladder) 89 Alamy Stock Photo: Pictorial Press Ltd (cr) 91 Science Photo Library: MARK GARLICK (bc) 92-93 Alamy Stock Photo: mauritius images GmbH 95 Getty Images: STRDEL / Stringer (bc) 96 Alamy Stock Photo: INTERFOTO (tl) 98 Depositphotos Inc: bit245 (cl); jochenschneider (tl); oksixx (tc, ca); elenathewise (cla); ttatty (c) 99 Alamy Stock Photo: ASK Images (bc) 101 Alamy Stock Photo: Pulsar Imagens (bl). Depositphotos Inc: smaglov (tc) 102 Alamy Stock Photo: Aflo Co. Ltd. (clb) 103 Alamy Stock Photo: Image Quest Marine (tr); Adrian Sherratt (tc) 104 Alamy Stock Photo: Nick Gammon (br). Dreamstime.com: Kathy Burns (cl). Getty Images: Robert Frerck (bl); Philip Gould (tl) 104-105 Alamy Stock Photo: Piter Lenk (Basemap) 105 Alamy Stock Photo: ZUMA Press, Inc. (br). Getty Images: Barcroft Media (tr); Jeff J Mitchell / Staff (br); Chung Sung-Jun / Staff (cr) 106 Alamy Stock Photo: Pete Lusabia (br) 107 Alamy Stock Photo: WENN Ltd (tc) 108 Alamy Stock Photo:

DavidDent (cla); imageBROKER (cl); Philip Mugridge (clb) 109 123RF.com: Fabian Plock (tr). Alamy Stock Photo: David Wall (crb). Dreamstime.com: Freelady (cr) 110 iStockphoto.com: Mumemories (crb) 112 Dreamstime.com: Icononiac (br) 113 Depositphotos Inc: paulobaqueta (bc). iStockphoto.com: zhuzhu (bl) 114 Rex Shutterstock: Sipa Press (br)116-117 Dorling Kindersley: Metalmorphosis reproduced with the kind permission of David Cerny; Ballerina Clown reproduced by kind permission of Jonathan Borofsky; Possanka reproduced with the kind permission of Alvar Gullichsen. 116 Alamy Stock Photo: Xinhua (bl). Dreamstime.com: Ykartsova (br) 118-119 Dreamstime.com: Seamartini (Basemap) 118 Getty Images: Paula Bronstein (br) 119 Alamy Stock Photo: ITAR-TASS Photo Agency (bl) 121 Alamy Stock Photo: jeremy sutton-hibbert (tr). Getty Images: Ian Cook (bc) 122-123 123RF.com: Chris Boswell 124 Dreamstime.com: Yulan (bl) 125 iStockphoto.com: Benkrut (tl) 126 123RF.com: Chris Boswell (tl); ricochet64 (fcra); snehit (cb); Jesse Kraft (cb). Alamy Stock Photo: Panther Media GmbH (cl); redbrickstock.com (crb); tropicalpix / JS Callahan (cr). Depositphotos Inc: Zunek (c). Dreamstime.com: Lee O'dell (cla/Bannack) 127 123RF.com: bloodua (tl); motive56 (cra); milla'74 (fcla); pytyczech (fclb). Alamy Stock Photo: ITAR-TASS Photo Agency (cla); Paul Mayall Australia (crb); Kat Kallou (cr); Pradeep Soman (c); Jim Keir (cl). Getty Images: Carl Court (bc). iStockphoto.com: andzher (tr) 129 The Museum of Army Flying: (bl) 130 Alamy Stock Photo: Science History Images (br) 132 Alamy Stock Photo: Everett Collection Inc (crb) 133 Alamy Stock Photo: Art Collection 2 (tr) 134 Alamy Stock Photo: Art Collection 2 (tr) 135 Alamy Stock Photo: World History Archive (tr) 136-137 Alamy Stock Photo: Nature Picture Library 138 Alamy Stock Photo: Francis Vachon (tr). Depositphotos Inc: jovannig (bl). Dreamstime.com: Sashkinw (crb) 139 Depositphotos Inc: flocutus (tr) 140 Depositphotos Inc: DanFLCreativo (cr). Getty Images: The Washington Post (tl) 141 Depositphotos Inc: pxhidalgo (cl) 142 Depositphotos Inc: demerzel21 (bl). Getty Images: Martin Harvey (cr) 143 Depositphotos Inc: czamfir (br); ThomasAmby (cl) 146 Depositphotos Inc: THPStock (tl). Getty Images: Henna Malik (br) 147 Getty Images: MANJUNATH KIRAN / Stringer (br) 148 Depositphotos Inc: sumners (tl). NASA: MSFC (br) 149 Depositphotos Inc: brians101 (t) 150 Depositphotos Inc: anekoho (t) 151 Depositphotos Inc: diktattoor (br); Dirima (tc); yayayoyo (bc) 154 123RF.com: Elena Schweitzer (cr). Alamy Stock Photo: Semen Tiunov (tl). 155 Alamy Stock Photo: National Geographic Creative (tl).

All other images © Dorling Kindersley

北冰洋

楚科奇海

波弗特海

白令海峡

白令海

阿留申海盆

阿留申群岛

阿留申海沟

阿拉斯加湾

布鲁克斯山脉

育空河

△迪纳利山
（麦金利山）
6194米

海岸山脉

马更些河

大熊湖

大奴湖

温尼伯湖

落基山脉

温哥华岛

卡斯凯迪亚断裂带

下加利福尼亚半岛

西马德雷山脉

东马德雷山脉

太平洋

密苏里河

大平原

俄亥俄河

密西西比河

北美洲

五大湖

阿巴拉契亚山脉

纽芬兰大浅滩

埃尔斯米尔岛

伊利莎白女王群岛

维多利亚岛

巴芬岛

哈得孙湾

格陵兰岛

戴维斯海峡

巴芬湾

拉布拉多海

丹麦海峡

冰岛

格陵兰海

挪威

不列颠群岛

北海

欧

比斯开湾

阿

伊比利亚半岛

亚速尔群岛

马德拉群岛

加那利群岛

阿特拉斯山脉

撒哈拉

墨西哥湾

尤卡坦半岛

大安的列斯群岛

加勒比海

小安的列斯群岛

中亚美利加海沟

中亚美利加海盆

北亚美利加海盆

中大西洋海岭

佛得角群岛

大西洋

尼日尔河

几内亚湾

科隆群岛
（加拉帕戈斯群岛）

秘鲁海盆

秘鲁—智利海沟

奥里诺科平原

圭亚那高原

亚马孙河

亚马孙平原

南美洲

安第斯山脉

阿空加瓜山
6960米 △

巴拉那河

巴西高原

巴西海盆

安哥拉海盆

东太平洋海丘

智利海岭

埃尔塔宁断裂带

东南太平洋海盆

巴塔哥尼亚高原

潘帕斯草原

阿根廷海盆

福克兰海岭

火地岛

合恩角

马尔维纳斯群岛
（英称福克兰群岛）

德雷克海峡

南极半岛

南乔治亚岛

威德尔海

沃尔维斯海岭

中大西洋海岭

开普洋

大西

海拔高度

8000米
7000米
6000米
5000米
4000米
3000米
2000米
1000米
海平面
-1000米
-2000米
-3000米
-4000米
-5000米
-6000米
-7000米
-8000米

△ 山峰

～ 河流